T - 1972

LA GÉOMÉTRIE
DES GENS DU MONDE.

EBERHART, IMPRIMEUR,
rue du Foin S.-Jacq., n. 12.

LA GÉOMÉTRIE
DES GENS DU MONDE,

RENFERMANT,

A CÔTÉ D'UNE THÉORIE FACILE, UN GRAND NOMBRE D'APPLICATIONS UTILES ET DE CONSIDÉRATIONS CURIEUSES, PROPRES A DÉLASSER L'ESPRIT, EN L'INTÉRESSANT VIVEMENT;

COURS ÉLÉMENTAIRE,

OUVERT, DEPUIS 1820, DANS UN COLLÉGE CÉLÈBRE DE FRANCE, A CEUX DES ÉLÈVES, QUI NE SE DESTINENT PAS SPÉCIALEMENT AUX ÉCOLES DE MATHÉMATIQUES.

PAR MARESCHAL DUPLESSIS,

ANCIEN ÉLÈVE DE L'ÉCOLE NORMALE, OFFICIER DE L'UNIVERSITÉ, DIRECTEUR DU COLLÉGE DE VENDOME.

Il est un dégré qu'on peut atteindre,
s'il n'est pas donné d'aller au-delà.

HOR., ÉP. I.

PARIS,

LIBRAIRIE CLASSIQUE DE MAIRE-NYON,

Quai de Conti, N° 13.

1829.

LA GÉOMÉTRIE

DES GENS DU MONDE.

NOTIONS GÉNÉRALES.

Le mot *Géométrie* signifie *Mesure de la terre*, parce que ce fut d'abord au mesurage des terrains que les méthodes de la géométrie furent employées; mais le but général de cette science est de déterminer les propriétés de l'Étendue, et de les appliquer à nos besoins.

L'*Étendue* a trois dimensions : *Longueur*, *Largeur* et *Hauteur;* celle-ci s'appelle encore épaisseur ou profondeur.

Il y a trois sortes d'étendue : l'étendue en longueur, largeur et hauteur, que nous appellerons *Solide;*

L'étendue en longueur et largeur, que nous appellerons *Surface;*

Et l'étendue en longueur seulement, que nous appellerons *Ligne.*

L'existence de ces trois sortes d'étendue n'est pas douteuse. En effet, tous les corps de la nature, et l'espace lui-même où ils sont plongés, nous offrent les trois dimensions, et sont parconséquent de véritables solides.

Ces corps se terminent par des pans ou faces qui n'ont réellement d'étendue qu'en longueur et en largeur; car, en leur supposant une épaisseur, quelque petite qu'elle fût, ces faces seraient elles-mêmes des corps, et non les limites où un corps cesse d'exister. Elles sont donc de véritables surfaces.

Ces faces elles-mêmes, en se rencontrant, se terminent et forment les arêtes des corps. Ces arêtes, qui ne peuvent avoir d'épaisseur, puisque les faces qui les forment n'en ont pas, sont en outre dépourvues de largeur; autrement, elles seraient elles-mêmes de petites faces, et non les limites où, une face finissant, l'autre commence; les arêtes des corps sont donc de véritables lignes.

Les lignes elles-mêmes se terminent, et le lieu où elles finissent, se nomme *Point.* Les lignes n'ayant ni épaisseur ni largeur, il est évident que le point ne peut en avoir; il est en outre sans longueur; autrement, il serait une ligne, et non la limite où une ligne cesse d'exister. Le point n'a donc aucune des dimensions de l'étendue.

Bien que ces différentes limites des corps, les surfaces, les lignes et les points, existent réellement dans la nature, elles n'y existent pas isolément. C'est donc par une véritable abstraction géométrique, qu'on les considérera séparément; mais cette abstraction est si facile et si naturelle, que nous l'employons tous les jours involontairement. Ainsi, nous disons d'un chemin : il a tant de longueur, et nous ne pensons pas même à sa largeur; nous disons : ce clocher a tant de hauteur, cette rivière tant de profondeur, sans que la largeur du clocher ou la longueur de la rivière se soient même présentées à notre esprit.

Il résulte de la définition de la géométrie, que nous aurons non-seulement à étudier les propriétés de l'étendue, mais à montrer l'application de chacune d'elles à nos usages. De-là, deux parties distinctes dans cette science, l'une théorique, l'autre pratique; la première, intellectuelle, sûre et précise; la seconde, matérielle et seulement approximative, comme l'exigent les bornes de nos sens et l'imperfection des instrumens, mais cependant toujours suffisante pour nos besoins. Ainsi, en théorie, le point n'a pas d'étendue, la ligne n'a pas de largeur; mais il faudra leur en donner, dans la pratique, afin que nos sens puissent les apprécier.

On conçoit aisément que l'étude des propriétés de l'étendue nécessite l'emploi d'un grand nombre de figures, et que ces figures seront composées de lignes. Or, les lignes ne peuvent être tracées que sur des surfaces, et parmi les surfaces, celle qui est la plus propre à recevoir les lignes, est la surface plane ou *Plan ;* on appelle ainsi une surface à laquelle on pourrait appliquer exactement une ligne droite dans tous les sens. Nous supposerons donc toutes nos lignes placées dans une pareille surface, que la feuille de papier ne représente qu'imparfaitement, et nous avertirons quand cette convention sera changée.

Ces lignes seront en outre distinguées entr'elles par des lettres placées à leur extrémité; et comme elles sont de véritables quantités, elles seront sujettes à des évaluations, à des calculs, en un mot, aux opérations qu'on fait en arithmétique sur les nombres. Il sera donc essentiel de se rappeler les notions suivantes :

$AB > CD$ signifie : AB plus grand que CD.	$\overline{AB}^2$ signifie le carré de AB.
$AB = CD$....... AB égale CD.	$\overline{AB}^3$....... le cube de AB.
$AB < CD$....... AB plus petit que CD.	$\sqrt{AB}$....... la racine quarrée de AB.
$AB + CD$....... AB plus CD.	$\sqrt[3]{AB}$....... la racine cubique de AB.
$AB - CD$....... AB moins CD.	$\frac{1}{2}$ AB....... la moitié de AB.
$AB \times CD$....... AB multiplié par CD.	2 AB....... deux fois AB.
$AB : CD$....... AB est à CD, ou encore, AB divisé par CD.	$(AB \times CD + GH)$ indique qu'on doit considérer comme une seule quantité tout ce qui est renfermé entre parenthèses.

Afin de procéder du simple au composé, nous examinerons successivement les propriétés des lignes, des surfaces et des solides, et nous en ferons à mesure l'application à nos usages. Cette étude sera divisée en quatre livres : les deux premiers traiteront des lignes; le troisième, des surfaces; et le quatrième, des solides.

Dans la théorie, les numéros compris entre parenthèses indiquent les propositions précédentes auxquelles on peut recourir, au besoin, pour l'intelligence des démonstrations.

Les applications suivent immédiatement la théorie dont elles dérivent; elles ne sont pas démontrées, et nous l'avons fait à dessein pour ménager au professeur les moyens d'exercer l'intelligence et la sagacité des élèves.

LIVRE PREMIER.

DES LIGNES.

LEÇON PREMIÈRE.

DES LIGNES DROITES.

1. *La ligne droite est le plus court chemin d'un point à un autre.* Elle donne par conséquent la mesure de la vraie distance de deux points. AB est une ligne droite. Fig. 1.

Les lignes droites sont toutes de même forme; mais elles peuvent varier de grandeur et de position. Ainsi, par un point A, on peut faire passer une infinité de lignes droites, différentes de grandeur et de position, mais qui, représentant les plus courtes distances de ce point aux points B, C, D, E, doivent être toutes de même espèce. Fig. 2.

2. Il est évident que,

Entre deux points, il ne peut y avoir qu'une seule ligne droite.

Une ligne droite sera donc toujours déterminée de grandeur et de position, quand on connaîtra les deux points où elle aboutit.

3. Une ligne droite limitée AB, peut aussi être considérée comme faisant partie d'une ligne qui s'étendrait, sans commencement ni fin, de chaque côté des points A et B, mais toujours dans la direction de ces deux points. Dans ce cas, les points A et B appartenant à la ligne indéfinie détermineront seulement sa direction. Fig. 3.

Il suit de-là que la direction de la ligne AB serait aussi bien déterminée par les points C et D, pris à volonté sur cette ligne, que par ses deux extrémités A et B. Donc,

Deux points quelconques d'une ligne droite suffisent pour déterminer sa direction.

4. On appelle ligne *Brisée* une ligne composée de lignes droites : ABCD est une ligne brisée. Fig. 4.

La ligne brisée est toujours plus longue que la ligne droite comprise entre les mêmes points.

APPLICATIONS.

Remarque. Afin de faciliter l'intelligence des applications, les figures qui y ont rapport, seront la plupart du temps perspectives; ce qui n'empêchera pas de concevoir, dans ces figures, un seul et même plan, dans lequel l'opération géométrique doit avoir lieu tout entière.

I.

Lignes droites naturelles.

De toutes les lignes, la ligne droite est évidemment la plus simple; aussi la nature qui tend constamment à la simplicité, base de toute perfection, nous présente-t-elle, dans ses opérations, l'emploi fréquent de cette ligne. Les rayons du soleil, soit qu'ils nous arrivent directement, soit qu'ils traversent un nuage, ou qu'ils s'introduisent dans nos appartemens par une ouverture, suivent exactement la ligne droite comme le plus court chemin pour arriver à leur but; la lumière des astres, celle d'une bougie, la chaleur d'un foyer, le son produit autour de nous, nous viennent aussi suivant une ligne droite; un corps qui cesse d'être suspendu, tombe à la surface de la terre par le plus court chemin, et décrit une ligne droite; la foudre, obligée de passer d'un nuage à l'autre, s'y rend également en ligne droite : de-là, la ligne brisée qui figure sa course.

La ligne droite est aussi celle que notre esprit conçoit le plus aisément, celle que nos sens peuvent le plus facilement apprécier, celle que nous employons le plus souvent dans les arts, la seule enfin, au moyen de laquelle nous jugeons de la longueur, de la largeur et de la hauteur d'une étendue quelconque.

La ligne droite étant donc l'élément géométrique le plus simple et le plus usité, on ne saurait trop s'attacher à pouvoir tracer et mesurer les lignes droites dans toutes les circonstances.

II.

Position des lignes droites dans l'espace.

Les lignes droites peuvent occuper dans l'espace trois positions aussi remarquables que distinctes : elles peuvent être *Verticales*, *Horizontales*, ou *Inclinées*.

On appelle *verticale* une ligne droite qui suit exactement la direction que prendrait un corps tombant librement à terre. Cette ligne se nomme aussi *Aplomb*.

On appelle *horizontale* une ligne droite qui serait dirigée de manière à passer par deux points quelconques de la surface des eaux tranquilles. Cette ligne se nomme aussi *Niveau*.

Enfin, on dit qu'une ligne est *inclinée*, quand sa direction n'est ni verticale, ni horizontale.

L'usage de ces trois sortes de lignes est très-fréquent, et principalement dans l'art des constructions. Les murs qui forment nos maisons sont disposés suivant des lignes verticales; les soutiens, les encoignures, les jambages des portes et des croisées offrent tous plusieurs lignes d'aplomb, AB, BD, EF, GH. Cette disposition est effectivement la seule qui convienne parfaitement pour la solidité; car, la ligne droite verticale ayant la direction de la chute des corps, il est clair que les matériaux établis dans sa direction, ne font effort, pour tomber, que dans le sens de cette ligne; ils ne peuvent donc changer d'eux-mêmes de position, et sont par conséquent dans le cas le plus favorable à l'immobilité.

Il n'en serait pas de même, si un mur était dirigé suivant la ligne inclinée IK, car alors les parties supérieures tendent d'elles-mêmes à suivre une autre route que celle dans laquelle elles sont soutenues. Cette ligne est appelée *Surplomb*.

Mais si le mur avait une direction telle que LM, et qu'en même temps il fût plus large en bas qu'en haut, il serait également solide parce que toute ses parties auraient des soutiens verticaux. La ligne LM se nomme *Talus*.

Le pavé de nos appartemens qui ne doit pencher pas plus dans un sens que dans l'autre, et sur lequel de l'eau répandue devrait se distribuer partout également, est disposé selon des horizontales ; les seuils, les appuis, les corniches, etc., présentent des lignes droites horizontales : NO, PQ, RS.

Enfin, la couverture des maisons nous offre des lignes droites PR, SQ, diversement inclinées.

III.

Tracer une verticale sur le terrain.

Pour tracer une verticale sur le terrain, on se sert d'un instrument appelé *Fil-à-plomb.* Cet instrument se compose d'un fil à l'extrémité duquel est suspendu un morceau de plomb de forme ordinairement régulière. Le poids du métal tient le fil constamment tendu, et lui imprime conséquemment une direction droite et verticale. Si donc, on veut élever suivant une verticale, une construction quelconque, telle qu'un pilier de bois ou de pierre, il faudra présenter souvent le fil-à-plomb le long des arêtes de ce pilier, et que, chaque fois, sa direction s'accorde parfaitement avec celle du fil.

Le fil-à-plomb est encore utile pour disposer verticalement les jalons dont on se sert dans les alignemens.

IV.

Tracer une horizontale sur le terrain.

Lorsqu'il s'agit de tracer sur le terrain une ligne horizontale, on se sert d'un instrument apellé *Niveau d'eau.* Le niveau d'eau se compose d'un tuyau de cuivre communiquant par ses deux extrémités avec deux vases de verre placés comme l'indique la figure AGHB, et de manière que, les deux vases étant ouverts, l'eau introduite dans l'un, puisse prendre son niveau dans les deux, environ à la moitié de leur hauteur. Le niveau d'eau repose ordinairement sur un pied qui l'élève à peu-près à la hauteur de la vue. Cet instrument et l'eau qu'il contient étant parfaitement tranquilles, on se place derrière l'un des vases de manière à ce qu'en visant les deux niveaux, le niveau A cache exactement à l'œil le niveau B. On conçoit alors que, la vision se faisant en ligne droite, on pourra disposer, dans le prolongement de la ligne des niveaux, une suite de points, C, D, E, F, qui, se confondant à la vue avec les niveaux A et B, appartiendront à l'horizontale demandée.

On remplace souvent le niveau d'eau par un instrument beaucoup plus parfait qu'on appelle *Niveau-à-bulle d'air.* Il consiste en un tube de verre légèrement courbé suivant *k m l* et fixé sur une plaque de cuivre bien dressée. Ce tube est rempli d'eau colorée dans laquelle se trouve emprisonnée une bulle d'air *m.* Il est évident que dans toute position, telle que KL, K'L'.... cette bulle en vertu de sa légèreté marchera à l'extrémité de l'instrument, tandis que, dans la position horizontale, elle occupera le milieu *m n* marqué sur le tube. Cet instrument, placé sur un plan, sert à vérifier si la position de ce plan est bien horizontale ? Lorsqu'il est garni d'un pied et d'une lunette convenable, il sert a tracer, dans la campagne, les horizontales les plus étendues.

V.

Tracer un alignement sur le terrain.

S'il fallait tracer une ligne fort grande sur le terrain, on ferait planter un jalon à chacune de ses extrémités A et B; on disposerait ensuite des jalons intermédiaires C, D, E, F, G..... de telle manière que, se plaçant derrière le premier jalon A et à quelque distance, ce jalon paraisse couvrir le jalon B et tous les autres. Pour y réussir, les jalons doivent être plantés, au moyen du fil à plomb, le plus verticalement possible. C'est ainsi que l'on trace les rues, les avenues, les fossés, les chemins, etc......

Il peut être utile de remarquer ici que la ligne ainsi tracée sur le terrain n'est pas une ligne droite, la surface de ce terrain ne pouvant jamais être unie; mais du moins tous les points de cette ligne, quoique plus haut et plus bas les uns que les autres, sont assujetis à tendre au même but, par le chemin le plus court possible. C'est ce qu'on appelle un alignement. Or, lorsqu'on a à tracer des fossés, des routes, des enceintes, en un mot la direction d'une limite quelconque un peu grande, c'est toujours de l'alignement que l'on fait usage.

Si l'on avait à tracer une pareille ligne pendant la nuit, il faudrait établir une lumière à chaque jalon, afin que sa position, pût être apperçue de tous les points: ce moyen conviendrait à des assiégeants pour tracer une tranchée dans l'obscurité. C'est encore par ce principe que, dans les ports de mer où l'on ne peut entrer qu'en suivant exactement un chenal étroit, on établit, la nuit, deux fanaux, dans la direction de ce passage: le navire qui est en mer s'avance de manière à avoir constamment en vue ces deux feux comme s'ils n'en fesaient qu'un seul et suit ainsi sans danger l'alignement qu'ils déterminent.

VI.

Tracer une ligne droite sur un plan.

Pour tracer une ligne droite sur un plan un peu étendu, par exemple sur le pavé d'une chambre, on se sert d'une ficelle que l'on frotte avec de la craie et que l'on attache solidement aux deux extrémités; lorsqu'elle est bien tendue, on la pince fortement dans son milieu, et elle laisse en retombant sur le plan, une trace qui forme une ligne droite.

Le *Cordeau* est d'un usage presque continuel dans les travaux de terre, de maçonnerie, de charpente. Il est d'un grand secours au peintre décorateur, et indispensable dans l'exécution des décorations théatrales.

VII.

Tracer une ligne droite sur le papier.

La *Règle* est l'instrument dont on se sert pour tracer les lignes droites sur le papier; il suffit pour cela de conduire bien exactement le long de son arête inférieure un crayon ou un tire-ligne.

Avant d'entreprendre un tracé, il faut s'assurer si la règle qu'on emploie est juste. Pour cela, tracez d'abord une ligne avec cette règle dans la position A B, retournez-la ensuite, bout pour bout, dans la position B A de manière que la même arête qui a conduit la trace lui soit encore présentée. Si cette arête, dans sa nouvelle position ne s'applique pas exactement sur la ligne tracée, la règle est fausse, et vous devez la rejeter.

Plus les instrumens dont on se servira seront parfaits, et plus on approchera de l'exactitude des résultats de la théorie. Ainsi, les lignes n'ayant pas d'épaisseur, elles devront être tracées avec des instrumens extrêmement fins, tels qu'un crayon taillé à plat, un tire-ligne très-serré, quelquefois même une pointe d'aiguille. La règle doit être large et à vive arête; les carrelets et règles à chanfrein ne sont pas des instrumens de géométrie.

On trace ordinairement sur le papier deux sortes de lignes: la ligne *pleine* tracée au crayon ou à l'encre dans toute sa longuer, et la ligne *ponctuée* composée d'une suite de points à peu près équidistants. Si, dans une opération géométrique on est obligé de tracer des lignes qui n'appartiennent pas à l'objet principal de la question, mais qui servent à conduire au résultat, on les appelle lignes de *construction*; elles sont ordinairement ponctuées. Ces distinctions sont également applicables aux lignes courbes.

VIII.

Mesures des lignes droites.

Pour mesurer les lignes droites, on se sert d'une unité de mesure qui est elle-même une ligne droite. Cette unité varie selon les objets que l'on mesure et aussi selon les différens pays. Les mesures le plus en usage sont basées sur le *Mètre* qui est la dix-millionième partie du quart d'un grand cercle de la terre. Elles sont *duodécimales* et *décimales*. Les mesures duodécimales sont en usage en France et les mesures décimales lui sont communes avec tous les pays savants.

Division duodécimale du mètre			
Le *Point*	ou	$\frac{1}{12}$	de la ligne.
La *Ligne*	ou	$\frac{1}{12}$	du pouce.
Le *Pouce*	ou	$\frac{1}{12}$	du pied.
Le *Pied*	ou	$\frac{1}{3}$	de mètre.
Le *Mètre*	ou	$\frac{1}{2}$	toise.
La *Toise*	ou double		mètre.

Division décimale du mètre.			
Le *Millimètre*	ou	$\frac{1}{1000}$	de mètre.
Le *Centimètre*	ou	$\frac{1}{100}$	de mètre.
Le *Décimètre*	ou	$\frac{1}{10}$	de mètre.
Le *Mètre*.			
Le *Décamètre*	ou	10	mètres.
L'*Hectomètre*	ou	100	mètres.
Le *Kilomètre*	ou	1000	mètres.
Le *Myriamètre*	ou	10000	mètres.

Remarques. Les nouvelles mesures diffèrent des anciennes qui portent le même nom. Ainsi, le pied métrique surpasse le pied-de-Roi de quelques lignes anciennes; la toise métrique surpasse l'ancienne d'environ deux pouces anciens.

Le Myriamètre vaut à-peu-près deux lieues et quart de France; la lieue géographique de 25 au degré valait 2280 toises; la lieue de poste 2000 toises.

La Brasse dont se servent encore les marins est de 5 pieds; on l'appelle ainsi, parce que la taille commune de l'homme étant de 5 pieds, il embrasse ordinairement cette longueur en étendant les bras. Le *Pas* ordinaire de l'homme est de 2 pieds $\frac{1}{2}$. Le double pas de 5 pieds.

IX.

Mesurer une ligne droite sur le papier.

Une ligne qui représente une ou plusieurs des mesures de longueur se nomme *échelle*. L'échelle n'est donc pas une mesure absolue, mais seulement la représentation d'une mesure. Elle ne peut être employée que dans les dessins géométriques, et elle est autant de fois plus petite que la mesure véritable, que le dessin est lui-même plus petit que ce qu'il représente.

Les lignes droites tracées sur le papier ne pouvant appartenir qu'à des dessins géométriques, se mesurent au moyen de l'échelle qui accompagne ordinairement le dessin, et par le secours du *Compas*. Cette opération est trop simple pourqu'il soit besoin de la décrire.

X.

Mesurer une ligne droite sur un plan.

Si l'on a à mesurer une ligne droite un peu grande, celle, par exemple, qui serait tracée dans un appartement, on se sert d'une unité de mesure telle que le pied, le mètre, la toise. Pour cela on porte successivement cette mesure dans toute l'étendue de la ligne, en suivant exactement sa direction, et, s'il y a un reste à l'extrémité, on évalue ce reste en subdivisions de la mesure, selon l'exactitude que l'on veut avoir.

XI.

Mesurer une ligne droite tracée sur le terrain.

Pour mesurer une ligne droite tracée sur le terrain, on se sert de la *chaîne*. La chaîne est ordinairement en cuivre et divisée en trente chainons d'un pied chacun; elle a par conséquent un décamètre de longueur; on doit avoir soin de la tenir toujours bien tendue en mesurant. Avant de commencer l'opération, la personne qui porte l'extrémité antérieure doit être munie de 10 fiches, afin qu'elle puisse en laisser une en terre à l'extrémité de chaque chaînée. Celle qui porte l'autre bout de la chaîne doit avoir soin de reprendre ces fiches à mesure qu'elles ont servi; elle compte alors 10 chainées ou 100 mètres, et l'opération continue de la même manière.

XII.

Mesurer la différence de niveau entre deux points.

Si l'on avait à niveler un terrain tel que AB, c'est-à-dire, qu'on voulût savoir la hauteur de la quantité de terre qu'il faudrait ajouter en A ou enlever en B pour que ce terrain fût de niveau, on planterait des jalons à ces deux points; on placerait ensuite un niveau d'eau en EF, de manière qu'en visant de chaque côté, la ligne de niveau CD rencontrât les deux jalons en des points tels que C et D. Mesurant ensuite la longueur AC et la longueur BD, et les retranchant l'une de l'autre, on trouverait la hauteur demandée. Soit AC $= 1^{m}\ 26$, et BD $= 0^{m}\ 72$, on en conclura que le point B est plus élevé que le point A, de 54 centimètres ; et qu'il faudra, par conséquent, pour niveler le terrain, rapporter en A 54 centimètres de terre, ou les retrancher en B.

XIII.

Moyens approximatifs pour tracer et mesurer les lignes droites.

Il est des circonstances qui peuvent ne laisser ni le loisir ni la possibilité de tracer des lignes droites, ou de leur appliquer les mesures dont nous avons parlé. On peut être privé des instrumens nécessaires ; dans un voyage, dans une reconnaissance militaire, on peut être pressé par le temps ou par l'ennemi ; il faut donc avoir recours aux moyens approximatifs qui ne sont jamais bien exacts, mais dont les résultats peuvent être d'une grande utilité.

Si l'on veut, par exemple, tracer et mesurer promptement une ligne droite dans la campagne, on peut le faire par *cheminement.* On remarquera, vers l'extrémité de la ligne un objet bien visible B, derrière lequel se trouvera nécessairement un autre objet, ou du moins, quelque accident de terrain C placé dans la direction de la ligne qu'on veut mesurer. On cheminera sur AB en ayant soin que les deux objets B et C se confondent toujours à la vue; et en comptant 5 pieds pour chaque double pas, la droite sera tracée et mesurée.

Si cette droite était fort grande, on emploierait le moyen suivant.

XIV.

Mesure approximative par le pas du cheval.

On s'assurera d'abord du chemin que fait, dans un temps donné, le cheval dont on se sert habituellement. Pour cela, on peut lui faire parcourir, pendant un quart d'heure par exemple, un espace que l'on mesurera exactement ; on répètera cette expérience à la montée, à la descente, en plaine, en temps de pluie, etc..... On obtiendra ainsi différens résultats, entre lesquels on prendra une moyenne qui donnera assez exactement le chemin que fait le cheval dans un quart-d'heure.

Supposons, pour le trot ordinaire, le calcul suivant :

Montée......	800$^{T.}$	en	15$^{minutes.}$	
Descente.....	820	en	15	
Plaine.......	900	en	15	
Pluie........	730	en	15	
Broussailles...	640	en	15	
Total....	3890$^{T.}$	en	75$^{minutes.}$	ou $\frac{5}{4}$ d'heure.
ou bien..	778$^{T.}$	en	15$^{minutes.}$	ou $\frac{1}{4}$ d'heure.

Cette marche moyenne une fois connue servira à calculer la distance d'un lieu à un autre, en faisant parcourir cette distance au cheval et en tenant compte du tems employé.

Exemple : Supposons que le cheval ait mis 59 minutes à se rendre d'un village à un autre, on fera cette proportion :

$$15' : 59' :: 778 : x, \text{ distance des deux villages;}$$

d'où $x = 3060^{T.} \frac{2}{15}$ c'est-à-dire une lieue et demie de poste, plus $60^{T.}$

XV.

Mesure approximative par la vîtesse du son.

Le son, produit dans un lieu, se transmet dans un autre avec une vîtesse de 337 mètres par seconde. Si donc on peut connaître le nombre de secondes écoulées entre le moment où se fait une explosion et celui où on l'entend, on pourra calculer la distance du lieu où le bruit a été produit au lieu où l'on se trouve. On pourra ainsi, si l'on est muni d'une montre à secondes, apprécier la distance d'un vaisseau en mer, en supposant qu'on y tire un coup de canon ou de fusil. *Exemple* : Il s'est écoulé 3 secondes $\frac{3}{4}$ entre le moment où on a vu la lumière et celui où l'on a entendu le coup. Multipliant la vîtesse du son 337 mètres par 3 $\frac{3}{4}$, on trouvera que le navire était éloigné de l'observateur de 1263 mètres 75, ou $\frac{1}{4}$ de lieue, plus 62 toises environ.

Le vent influant presque toujours sur la vîtesse du son, cette opération ne devra être faite que par un tems calme. On pourra de même calculer la distance d'un poste ennemi, celle d'un chasseur, celle d'un nuage portant le tonnerre, etc.

XVI.

Mesure approximative par la chute des corps.

L'expérience a prouvé que tout corps que l'on abandonne, parcourt dans sa chûte, 5 mètres environ dans la 1ère seconde ; 3 fois autant c'est-à-dire 15 mètres dans la 2me ; 5 fois autant dans la 3me ; 7 fois autant dans la 4me, et ainsi de suite selon l'ordre des nombres impairs 1, 3, 5, 7, 9, 11, etc. Il sera donc facile, avec une montre à secondes, de mesurer la hauteur d'une tour, celle d'un précipice, la profondeur d'un puits, l'élévation d'une falaise. Supposons qu'une pierre ait mis 3 secondes à arriver du haut d'une falaise dans la mer, on comptera 5 mètres pour la 1ère seconde, 15 pour la 2me, 25 pour la 3me. La hauteur de la falaise sera donc de 45 mètres ou 135 pieds.

Remarquons que le mouvement du corps qui tombe étant accéléré, il y a moins d'espace parcouru dans la 1ère partie d'une seconde que dans la dernière partie. Si donc la dernière seconde que l'on a comptée n'est pas entière, qu'elle soit par exemple $\frac{1}{2}$, en prenant pour cette $\frac{1}{2}$ seconde la moitié de l'espace qu'elle eût donné si elle eût été entière, on fera nécessairement une petite erreur.

LEÇON SECONDE.

DES LIGNES COURBES.

5. *On appelle ligne courbe toute ligne qui n'est ni droite, ni composée de lignes droites.* Fig. 1.
ABC est une ligne courbe.

Il suit de-là qu'entre deux points il peut exister une infinité de lignes courbes, CD, EF, Fig. 2.
GH.... et qu'elles peuvent avoir une infinité de formes différentes.

Les courbes peuvent être *fermées* comme IK, ou bien *ouvertes* comme LM; les courbes Fig. 3. et 4.
fermées n'ont évidemment ni commencement ni fin; les courbes ouvertes peuvent être considérées de même, en imaginant comme nous l'avons fait pour les lignes droites, qu'elles sont prolongées indéfiniment des deux bouts, suivant la direction qui leur est propre.

6. La plus simple de toutes les lignes courbes est la *circonférence de cercle*; c'est la Fig. 5.
seule dont on s'occupe dans les élémens de géométrie.

Circonférence de cercle. La circonférence de cercle est une ligne courbe dont tous les points sont également distants d'un point intérieur qu'on nomme *centre*. On appelle *arc de cercle* une portion AB de cette courbe, le *cercle* est l'espace compris dans la circonférence.

Toute droite telle que CA, CB, CD, qui va du centre à un des points de la circonférence, s'appelle *rayon;* toute droite telle que AD, qui passe par le centre et se termine de part et d'autre à la circonférence, s'appelle *diamètre*. En vertu de la définition de la circonférence, tous les rayons sont égaux; les diamètres le sont aussi et sont doubles du rayon.

7. *Tout diamètre divise le cercle et sa circonférence en deux parties égales.* Car en Fig. 6.
imaginant qu'on plie le cercle suivant le diamètre AB de manière à superposer ses deux parties, tous les points de la courbe ACB devront s'appliquer exactement sur ceux de la courbe ADB, puisque d'après la définition de la circonférence, ils ne peuvent être ni plus près, ni plus éloignés du centre que ces derniers. Or, il est évident que deux grandeurs qui se superposent exactement dans toutes leurs parties sont égales, donc, la circonférence et le cercle sont divisés en deux parties égales par le diamètre.

On démontrerait de même que :

8. *Deux circonférences qui ont le même rayon sont égales ;*

9. *Deux circonférences qui ont des rayons différens sont inégales, et la plus grande est celle qui a le plus grand rayon.*

Remarque. L'usage a prévalu de dire simplement *cercle* au lieu de *Circonférence de cercle*, toutes les fois qu'il n'y a pas ambiguité.

APPLICATIONS.

I.

Lignes courbes naturelles.

La terre et tous les globles célestes ont des formes rondes dont le principe est la ligne courbe; ils ne reparaissent périodiquement dans les mêmes lieux qu'en suivant les courbes fermées dans lesquelles ils ont été lancés primitivement; assujetis à tourner en outre sur eux-mêmes, tous leurs points décrivent des cercles. La géographie, la navigation, l'astronomie font donc un fréquent usage des lignes courbes.

Les lignes courbes ne sont pas moins employées dans les arts mécaniques; les roues, les poulies, le tour, la vis, dont l'usage est de tous les lieux et de tous les instans, ont les propriétés du cercle pour base de leur construction et de leurs effets.

II.

Courbes le plus usitées.

La circonférence de cercle. Elle est la plus simple des courbes et en même temps la plus riche en propriétés et la plus féconde en applications. Elle peut être tracée, comme la ligne droite, d'un mouvement continu. D'autres courbes sont dans ce cas; l'étude des solides les fera connaître.

Les courbes mécaniques. Ces courbes sont composées d'arcs de différens cercles et ne peuvent être tracées d'un mouvement continu, mais seulement par des mouvemens indépendans les uns des autres et par le moyen de la règle et du compas. De ce genre sont la spirale et les ovales; elle sont fort employées dans les arts.

Les courbes sinueuses. On appelle ainsi les courbes irrégulières au moyen desquelles on représente les sinuosités des chemins ou des rivières : les courbes de raccordement par lesquelles on joint des directions différentes. Le dessinateur et le peintre ne tracent guère que de pareilles courbes. Il est impossible de les décrire d'un mouvement continu; on les trace à la main, et c'est pour cela qu'on les appelle aussi lignes tâtées.

III.

Tracer un cercle sur le papier.

Pour tracer un cercle sur le papier, on appuie légèrement, au point où l'on veut que soit le centre, une des pointes d'un compas ouvert; on fait ensuite tourner l'autre pointe jusqu'à ce qu'elle revienne au point d'où elle est partie, et de manière à ce qu'elle laisse une trace dans sa course; cette trace est une circonférence de cercle. Il est évident que la distance des deux pointes du compas représente le rayon du cercle. Si donc, on voulait faire un cercle égal au premier, ou, en général, un cercle égal à un autre, il faudrait le décrire avec la même ouverture de compas.

On tracerait également le cercle en laissant le compas immobile, et en faisant tourner le papier. C'est ainsi que les tourneurs après avoir suffisamment dégrossi leurs ouvrages y décrivent des cercles aussi parfaits que possible; l'extrémité immobile de leur instrument représente une des pointes du compas tenue constamment à une distance invariable du pivot sur lequel l'autre pointe est sensée reposer.

IV.

Tracer un cercle sur un plan.

Si le plan, sur lequel on veut tracer un cercle, est un peu grand, on se sert du *Compas à Curseur.* Il est composé d'une règle portant, à l'une de ses extrémités A une pointe C, sur laquelle il peut pivoter, et à son autre extrémité B un curseur à pointe D E, qui peut glisser à volonté le long de la règle et y être maintenu par une vis de pression, lorsque la distance CE, c'est-à-dire le rayon du cercle, a été choisie.

Dans la construction des bâtimens, soit pour poser des pierres en tour creuse ou en tour ronde, soit pour obtenir la même retombée des claveaux d'une voûte, les appareilleurs se servent d'un instrument à-peu-près semblable qu'ils appellent *simbleau*; le curseur y est remplacé par des trous A, B, C, D, E.... faits de distance en distance sur la règle et dans lesquels ils introduisent le stylet destiné à tracer la courbe.

Lorsque le cercle est trop grand pour qu'on puisse employer ces instrumens, on y supplée par le *Cordeau*; il doit porter deux boucles A et B à ses extrémités. Il faut avoir soin que sa tension soit la même pendant tout le tracé, et de laisser aux anneaux le moins de jeu possible le long de la pointe fixe et le long de la pointe mobile, qui doivent être maintenues bien verticalement.

V.

Tracer un cercle dans la campagne.

Nous donnerons plus tard le moyen de décrire sur le terrain un cercle d'une grande étendue; pour le moment nous nous bornerons à faire connaître une méthode approximative, en supposant d'ailleurs que le terrain où l'on opère soit suffisamment de niveau.

Assemblez deux règles A B, A C de manière qu'elles puissent s'ouvrir comme un compas sur sa charnière; plantez A C verticalement au moyen du fil à plomb, et ouvrez A B d'une quantité telle qu'en visant le long de cette règle vous rencontriez un des points, tel que D, où vous voulez faire passer le cercle. Dans ce cas, CD sera le rayon du cercle, A D et A C, les deux branches du compas qui doit le décrire.

Conservant la même ouverture entre les deux règles et les faisant tourner sur le point C (la règle A C s'accordant toujours avec le fil-à-plomb), visez un nouveau point E où vous ferez planter un piquet. Répétez la même opération pour déterminer les points F, G, et enfin tous ceux dont vous aurez besoin pour former le cercle.

Cette méthode, aussi prompte que facile, peut être utile dans un cas pressé; elle peut servir à vérifier si les points qui vous entourent sont à une égale distance du lieu où vous êtes; à juger quels sont ceux qui sont le plus éloignés et ceux qui le sont le moins.

VI.

Décrire une courbe mécanique.

Les courbes mécaniques se décrivent au moyen de la règle et du compas; prenons pour exemple la *Spirale*. On tracera d'abord une ligne droite indéfinie A B, et l'on prendra, vers le milieu de cette ligne, un point O de chaque côté du quel on portera la moitié de l'écartement qu'on veut donner aux spires, par exemple, O a et O b; puis, du centre O, on décrira le demi-cercle *a c b*; ensuite, du point *a* comme centre, avec le rayon *a b*, on décrira le demi-cercle *b d e*; puis, reprenant le point O pour centre, on décrira le demi-cercle *e f g*..... On continue de la même manière, en prenant alternativement les points *a* et O pour centre, et, pour rayon, la distance entre l'extrémité de la courbe et le centre qui doit servir.

Les ressorts qui entretiennent le mouvement des montres et d'un grand nombre d'horloges sont contournés en spirale.

Pour élever l'eau à de petites hauteurs, par exemple pour dessécher un marais, on fait usage d'une machine qui a la spirale pour principe. Elle est composée d'un tuyau roulé suivant cette courbe, et tournant sur un axe qui passe au point O. Il est facile de concevoir que, par ce mouvement, l'eau puisée par l'orifice s'engagera de plus en plus dans l'intérieur des spires, et finira par en sortir au point A, où un canal disposé pour la recevoir peut la transporter où il convient.

VII.

Décrire une ligne sinueuse.

Avant de décrire une ligne sinueuse, il est indispensable de déterminer les principaux points par où elle doit passer, ceux, par exemple, où elle forme les coudes les plus apparens pour se replier sur elle-même. Ensuite, on joint à la main ces différens points, en faisant en sorte que la courbe paraisse le plus continue qu'il est possible. Dans certains cas, on emploie une règle flexible à laquelle on fait suivre la direction des points principaux et au moyen de laquelle on peut donner plus d'assurance au trait; on peut construire une règle de plomb pour cet usage. Les dessinateurs emploient aussi un petit instrument qu'ils appellent *Pistolet* à cause de sa ressemblance avec la poignée de cette arme. C'est une règle dont la courbure augmente insensiblement jusqu'à la circonférence d'un très-petit cercle par laquelle elle se termine.

Il arrive souvent qu'on soit obligé de tracer sur le terrain des lignes sinueuses qu'on appelle lignes de *raccordement* ou *d'arrondissement*. Ainsi, par exemple, lorsque deux routes viennent se rencontrer brusquement, on les adoucit en arrondissant l'extrémité de la langue de terre qui les sépare; on fait la même chose pour tracer une allée tournante le long d'un mur en zig-zag. Les points principaux des lignes sinueuses qu'on décrit alors, s'obtiennent mécaniquement de la manière suivante : Au moyen d'un cordeau, partagez la ligne 1 A en plusieurs parties égales, quatre par exemple, et marquez les points 1, 2, 3, 4; opérez de même et dans le même sens sur A 4; joignez par des cordeaux les points 1 et 1, 2 et 2, 3 et 3, 4 et 4; la rencontre des cordeaux donnera les points *c*, *d*, *e*, qui seront les points principaux de la courbe d'arrondissement. On tracerait de la même manière la courbe d'arrondissement des deux droites 4 B et B 4.

VIII.

Mesurer les lignes courbes.

La longueur d'une circonférence de cercle et celle de ses parties se mesurent aussi exactement que possible par des méthodes que nous feront connaître plus tard. Quant aux lignes sinueuses, on ne peut les mesurer qu'approximativement et par des moyens semblables à ceux que nous allons indiquer.

Si on voulait mesurer la longueur d'une ligne courbe tracée sur le papier, on pourrait diviser cette courbe en un certain nombre de parties assez petites pour que chacune ne différât pas essentiellement d'une ligne droite; ensuite, tracer une droite indéfinie A B sur laquelle on porterait, avec le compas, chaque partie à la suite l'une de l'autre; la longueur de la ligne A C serait alors, à peu de chose près, celle de la courbe. On n'emploie pas d'autre moyen pour mesurer sur une carte, la longueur d'une route ou le cours d'une rivière.

Si la courbe était placée sur un plan un peu étendu, ou qu'elle appartînt à un corps, il faudrait lui appliquer un fil de manière à en suivre exactement toutes les sinuosités; mesurant ensuite la longueur du fil développé et tendu, cette longueur donnerait celle de la courbe.

LEÇON TROISIÈME.

DES ANGLES.

10 Deux lignes droites ne peuvent se rencontrer qu'en un seul point qui s'appelle point d'*Intersection* Fig. 1.

On appelle *Angle* l'espace indéfini que laissent entr'elles deux droites AB, AC, qui se rencontrent, et que l'on peut concevoir prolongées autant qu'on voudra. Le point d'intersection A est le *Sommet* de l'angle : les droites AB et AC en sont les *Côtés*.

On désigne un angle par une lettre placée au sommet, ou par trois lettres, en mettant celle du sommet au milieu; ainsi on dira : l'angle A et l'angle BAC.

Un angle formé par deux droites est un angle rectiligne. Une droite qui rencontre une courbe, ou deux courbes qui se rencontrent, peuvent aussi former des angles qu'on appelle mixtilignes et curvilignes, mais qui ne sont pas du ressort de la géométrie élémentaire.

11. En vertu de la définition de l'angle, sa grandeur ne peut dépendre de la grandeur des côtés; DAE et BAC forment donc un seul et même angle; mais il est évident que cet angle deviendrait plus grand, si les côtés s'écartaient l'un de l'autre, et plus petit, s'ils se rapprochaient. La grandeur d'un angle dépend donc uniquement de l'écartement des côtés; voyons comment cette grandeur peut se mesurer. Fig. 2.

Supposons que la ligne AB soit couchée sur la ligne AC, et qu'en un point tel que B, soit appliquée une force d'écartement qui fasse tourner la ligne AB autour du point fixe A. Le point B décrira, dans ce mouvement, un arc de cercle; mais, à chaque pas que fera ce point, il se formera un angle DAC, qu'on pourra d'ailleurs supposer assez petit pour qu'il soit contenu un nombre exact de fois dans l'angle BAC, de sorte qu'il y aura autant d'angles composans égaux DAC, qu'il y aura de parties égales CD dans l'arc d'écartement. Fig. 3.

De même que, pour mesurer une ligne droite, on porte un certain nombre de fois, sur sa longueur, une autre petite ligne droite qui sert de mesure; de même, il serait naturel de mesurer l'angle BAC, au moyen du petit angle DAC; mais l'emploi de cette mesure angulaire étant impossible dans la pratique, au lieu de dire, l'angle BAC contient, par exemple, 8 parties angulaires DAC, on dit l'angle BAC contient 8 parties circulaires CD, sous-entendant, comme on doit toujours le faire, qu'à ces parties circulaires répond toujours le même nombre de parties angulaires.

Le même raisonnement s'appliquerait à tout autre arc d'écartement *bc*, *b'c'*; d'où il suit que la *grandeur* d'un angle se mesure par le nombre de parties circulaires contenues dans l'arc décrit entre ses côtés et de son sommet comme centre, avec un rayon quelconque. Ce que l'on exprime plus généralement ainsi :

Un angle a pour mesure l'arc de cercle compris entre ses côtés et décrit de son sommet comme centre.

12. Remarquons que ce n'est pas la longueur d'un arc qui donne la mesure d'un angle, mais bien la *valeur* de cet arc; c'est-à-dire le nombre de parties circulaires que cet arc occuperait sur la circonférence à laquelle il appartient, cette circonférence étant supposée divisée en un nombre exact de parties égales.

Si plusieurs circonférences, d'un rayon quelconque, sont divisées en un même nombre de parties égales, les arcs qui comprendront sur ces circonférences le même nombre de parties, seront des *arcs semblables*. Les *arcs égaux* sont ceux qui, décrits avec des rayons égaux, renferment le même nombre de parties égales de la circonférence.

Nous pouvons donc établir que :

Fig. 4, 5 et 6. *Deux ou plusieurs angles sont égaux lorsqu'ils ont pour mesure des arcs semblables, et lorsqu'ils ont pour mesure des arcs égaux.* Ainsi, les angles DCF, dcf, d'c f', sont égaux comme ayant pour mesure des arcs semblables; et les angles HGI, hGi, comme ayant pour mesure des arcs égaux; et réciproquement que : *lorsque deux angles sont égaux, les arcs qui les mesurent sont semblables si ces arcs ont des rayons différens, et égaux s'ils ont même rayon.*

13. On distingue trois sortes d'angles :

Fig. 7. *L'angle droit.* Si la position de deux droites AB, CD est telle que les deux angles adjacens ADC, CDB, soient égaux, chacun de ces angles s'appelle *angle droit.*

Tous les angles droits sont égaux entre eux, puisque le même espace ACB ne peut être divisé en deux parties égales, de plusieurs manières, par la droite CD.

Tout angle droit a pour mesure le quart de la circonférence. En effet, si l'on décrit, du point D comme centre, un demi-cercle sur A B, les deux angles égaux ADC, et CDB en intercepteront chacun la moitié.

Fig. 8. *L'angle aigu.* On appelle ainsi tout angle moindre qu'un droit. EFG est un angle aigu.

Fig. 9. *L'angle obtus.* On appelle ainsi tout angle plus grand qu'un droit. HIK est un angle obtus.

Fig. 10. 14. *Tous les angles consécutifs formés sur un même point C et du même côté d'une droite AB, comprennent ensemble deux angles droits, ou la demi-circonférence.*

Fig. 11. 15. *Tous les angles formés autour d'un point D comprennent quatre angles droits, ou la circonférence entière.*

Fig. 12. 16. *Lorsque deux droites se coupent, les angles A et B, opposés au sommet, sont égaux.* Car, pour que l'angle B égalât deux droits, il faudrait lui ajouter l'angle a; il en est de même de l'angle A; donc, A et B sont égaux. On démontrerait de même que a et b sont aussi égaux.

17. On appelle *supplément* d'un angle ce qu'il faut ajouter à cet angle pour qu'il vaille deux angles droits ou la demi-circonférence. Les angles égaux, auront donc des supplé-

mens égaux, et réciproquement les angles qui auront des supplément égaux seront égaux.

18. On appelle complément d'un angle ce qu'il faut ajouter ou retrancher à cet angle pour qu'il vaille un angle droit ou le quart de la circonférence. Les angles aigus qui seront égaux auront des complémens égaux ; et réciproquement, ceux qui auront des complémens égaux, seront égaux. Il en sera de même des angles obtus.

APPLICATIONS.

I.

Mesures des angles.

D'après ce que nous avons dit, la valeur d'un angle est donnée par le nombre de parties circulaires égales comprises dans l'arc de cercle décrit, entre ses côtés, de son sommet comme centre; et ces parties doivent être contenues un nombre exact de fois dans la circonférence, dont l'arc n'est qu'une portion. Il suit de-là que, si l'on avait un cercle divisé en un certain nombre de parties égales, et qu'on appliquât exactement sur son centre le sommet de l'angle qu'on veut mesurer, le nombre de parties interceptées entre les côtés, donnerait précisément la valeur de l'angle. Tel est effectivement le moyen qu'on emploie pour mesurer les angles.

On est convenu de partager toute circonférence déstinée à mesurer des angles, en 360 parties égales, appelées *dégrés;* chaque dégré en 60 parties, appelées *minutes;* chaque minute en 60 parties, appelées *secondes.* On a rarement besoin de ces dernières; desorte qu'en se bornant aux minutes, le cercle se trouve partagé en 21,600 parties égales, nombre plus que suffisant dans la plus grande partie des opérations.

On divise aussi le cercle en 400 parties égales, appelées *grades;* chaque grade en 100 parties, appelées *centigrades*, etc.; mais cette nouvelle division est peu usitée: on lui préfère la première, parce que les nombres 360 et 60 ont bien plus de parties qui s'expriment en nombres ronds, que les nombres 400 et 100. Nous ne suivrons donc que la première division, d'après laquelle, d'ailleurs, presque tous les instrumens sont construits.

Le dégré s'indique par un petit zéro; la minute par un accent; la seconde par deux accens. Ainsi, 34°, 15′ 30″, signifie 34 dégrés, 15 minutes, 30 secondes.

Les cercles ainsi gradués, rendent aux arts et aux sciences les plus grands services : c'est par leur secours que le marin parvient à se guider dans sa route; que l'arpenteur et le géographe déterminent exactement les plans des lieux qu'ils ont à représenter; que l'astronome enfin mesure les distances et la grosseur des astres, et prédit à point nommé leurs éclipses et leurs retours.

II.

Instrumens.

Les instrumens dont on se sert pour mesurer les angles, portent tous un cercle évidé, qu'on appelle le *Limbe*, et sur lequel les dégrés sont marqués avec toute l'exactitude possible. Ces instrumens sont : le *Cercle répétiteur* et la *Boussole*, qui portent des cercles entiers comprenant 360 dégrés; le *Rapporteur* et le *Graphomètre*, qui n'ont que des demi-cercles de 180 dégrés; le *Quadrant*, qui ne porte qu'un quart de cercle, ou 90 dégrés; le *Sextant*, un sixième de cercle, ou 60 dégrés; et l'*Octant*, un huitième de cercle, ou 45 dégrés. Nous ne parlerons pas des trois derniers dont l'usage est fort borné, vu leur peu d'étendue. Quant au cercle répétiteur, qui est le plus parfait de tous, l'élévation de son prix fait qu'il n'est employé que pour des opérations délicates d'une grande importance, et par conséquent extrêmement rares.

Le *Rapporteur*. C'est un demi-cercle de corne transparente ou de cuivre, divisé en 180 dégrés, et quelquefois en 360 demi-dégrés. Son centre est indiqué par un petit trou ou par une échancrure. ABCD représente un rapporteur.

Le *Graphomètre*. Cet instrument est un demi-cercle en cuivre, divisé comme le rapporteur, mais portant deux règles, AB, CD, qui se croisent à son centre, et aux extrémités desquelles sont des *pinules* ou petites fenêtres, par lesquelles l'observateur vise les objets. Chacune de ces ouvertures est traversée par un fil très-fin destiné à couvrir l'objet visé. Les deux règles se nomment *Alidades*; l'une, AB, fixe, sert de diamètre au demi-cercle; l'autre, CD, mobile autour de son centre, peut être dirigée dans tous les sens. Cet instrument, porté sur un pied à trois branches, peut en outre prendre toutes les situations qu'on voudra, au moyen du *genou* EF.

L'alidade mobile CD porte en dehors un fragment de limbe, GH, sur lequel la ligne OD, qu'on appelle *ligne de mire*, se prolonge de manière à pouvoir venir toucher successivement tous les dégrés du demi-cercle. Ce petit limbe mobile, que l'on nomme *Vernier*, a une étendue de 11 dégrés, et est divisé en douze parties, de sorte que chacune d'elles vaut 11/12 de dégrés, c'est-à-dire, 1 dégré moins 1/12, ou 5 minutes de moins que le degré de l'instrument. Nous expliquerons plus bas l'usage qu'on peut faire de la coïncidence des divisions du vernier avec celles du cercle.

Lorsque les deux règles sont remplacées par deux lunettes, l'instrument est plus parfait.

La *Boussole*. La boussole se compose d'une boîte de forme quarrée renfermant un cercle gradué. Au centre de ce cercle est une *aiguille aimantée* portée sur un pivot, autour duquel elle a toute la mobilité possible; deux pinules, A et B, répondant au diamètre marqué 180°, s'élèvent sur les deux bords opposés de la boîte. La propriété de l'aiguille aimantée étant de revenir toujours dans la même direction (à-peu-près celle de la ligne Nord-Sud), il est clair que lorsqu'on tournera l'instrument, la position de l'aiguille restera la même; mais le cercle qui l'entoure ayant varié, elle y marquera de combien de dégrés elle a été écartée de sa première direction.

Souvent les deux pinules sont avantageusement remplacées par une alidade latérale, BC, en forme de tuyau et faisant le prolongement de la boîte. Cette alidade, qui a une direction pareille à celle du diamètre, tourne à volonté sur le pivot G, de manière à prendre toute position, telle que DE.

Le graphomètre est quelquefois muni d'une boussole simple, sans alidades, et destinée seulement à indiquer la direction *Nord-Sud*. La partie bronzée de l'aiguille indique le côté du nord; et la partie brillante, le côté du sud.

III.

Tracer un angle sur le papier.

Pour tracer un angle d'un certain nombre de dégrés sur le papier, on commence par tirer une ligne indéfinie, AB; puis, plaçant le centre du rapporteur sur un point quelconque *a* de cette ligne, on applique exactement sur AB le diamètre de l'instrument. Si l'on veut faire un angle de 58 dégrés, par exemple, on marquera sur le papier un point qui réponde le plus exactement possible à la 58e division du rapporteur; et joignant ce point avec le centre *a*, on aura l'angle qu'on voulait tracer.

Si la ligne AB était donnée de grandeur et de position, et qu'il s'agît de faire un angle à l'une de ses extrémités, on la prolongerait suffisamment, et l'opération serait la même.

IV.

Tracer un angle sur le terrain.

On commencera par placer le centre du graphomètre aussi exactement que possible au point où l'on veut que soit le sommet de l'angle, et cela au moyen du fil à plomb. On tracera ensuite avec des jalons, une ligne droite dans la direction qu'on aura donnée au diamètre de l'instrument; puis, plaçant la ligne de mire de l'alidade mobile sur le nombre de dégrés que l'on veut donner à l'angle, on fera aussi tracer une ligne droite dans la direction de cette alidade; les deux droites tracées formeront l'angle demandé.

V.

Mesurer un angle sur le papier.

Pour mesurer un angle déjà tracé sur le papier ou tout autre plan peu étendu, on se servira du rapporteur. On placera le centre de cet instrument au sommet de l'angle, et l'on comptera le nombre de dégrés compris entre les deux côtés prolongés, s'il en est besoin. Pour plus de facilité, on fait toujours coïncider le diamètre du rapporteur avec un des côtés de l'angle.

VI.

Mesurer un angle sur un plan.

Si l'angle que l'on veut mesurer est placé sur un plan un peu étendu, ou s'il est formé par un corps, comme serait a celui que feraient deux murailles en se rencontrant, on se sert d'un instrument composé de deux règles assemblées en charnière par un de leurs bouts, et que l'on appelle *Fausse équerre* ou *Sauterelle*.

Soit à mesurer, sur un plan assez étendu, l'angle BAC. On tendra un cordeau suivant ses côtés, et, y appliquant en A une sauterelle, de manière que ses arètes intérieures soient parfaitement en contact avec les branches du cordeau, on transportera cet angle sur le papier en traçant deux droites le long des règles de la sauterelle; on le mesurera ensuite au moyen du rapporteur.

L'angle formé par les directions de deux plans qui se rencontrent se mesure aussi, soit intérieurement, soit extérieurement, en y appliquant la sauterelle. Si les deux surfaces étaient trop irrégulières, on prolongerait la sauterelle au moyen de deux grandes règles appliquées suivant ses branches, et on parviendrait ainsi à compenser suffisamment les saillies et les cavités.

VII.

Mesurer un angle sur le terrain.

Pour mesurer un angle tracé sur le terrain on peut commencer par *lever* cet angle, c'est-à-dire, en faire le plan, au moyen d'un instrument qu'on appelle *planchette*. Il se compose d'une simple planche à laquelle on adapte une feuille de papier bien tendue. Cette planche est portée comme le graphomètre sur un genou qui permet de lui donner la position dont on a besoin. On place sur la planchette une alidade isolée dont une des arêtes DE forme précisément la ligne de mire.

Soit donc à mesurer l'angle ACB. La planchette étant placée, au moyen du fil-à-plomb, de manière que le point C, sur lequel on peut planter une petite aiguille, réponde exactement au centre de l'angle, on visera le point B, en ayant soin d'appliquer, sur l'aiguille C, la ligne de mire de l'alidade; on tracera ensuite sur le papier, à partir du point C, une ligne droite le long de la ligne de mire. On fera la même opération pour le point A, et l'angle ainsi levé sur la planchette pourra être mesuré par le rapporteur.

VIII.

Mesurer un angle au moyen du graphomètre.

Pour mesurer un angle sur le terrain, on place le graphomètre au sommet de cet angle, en faisant correspondre exactement, au moyen du fil-à-plomb, le centre de cet instrument et le point qui forme le sommet de l'angle. Cette précaution étant prise, on dirige le diamètre sur un des côtés de l'angle, et l'alidade mobile sur l'autre côté; le nombre de dégrés compris, sur le cercle de l'instrument, entre le diamètre et la ligne de mire, indique la grandeur de l'angle.

Les graphomètres ne portant ordinairement que les dégrés et les demi-dégrés, si l'on veut plus d'exactitude on se servira du *vernier* que nous avons décrit plus haut. Il est destiné à donner le nombre de minutes de cinq en cinq. Un exemple fera connaître son usage.

Supposons que la flèche o de la ligne de mire tombe entre les dégrés 40 et 41. L'angle mesuré vaudra 40 dégrés plus quelques minutes. Pour apprécier ce nombre de minutes, on observera quelle est la division du vernier qui répond exactement à une des divisions du limbe. Soit, par exemple, la 3e répondant exactement au 43°. Il est clair que, puisque le dégré du limbe vaut 5′ de plus que celui du vernier, la ligne 2 dépasse la ligne 42 de 5′, la ligne 1 dépasse la ligne 41 de 10′, et la ligne o dépasse la ligne 40 de 15′; l'angle indiqué par cette dernière est donc de 40° 15′; ce que l'on estimera plus facilement en comptant autant de fois 5′ qu'il y a de divisions sur le vernier avant la ligne qui s'accorde avec un dégré du limbe. Il peut arriver qu'aucune de ces divisions ne s'accorde; dans ce cas on estime jusqu'à celle qui est le plus près de s'accorder. Ainsi les dégrés se comptent sur le limbe du graphomètre et les minutes sur le vernier.

IX.

Moyens de vérifier les opérations.

Lorsqu'on a mesuré un angle sur le terrain, on peut déranger à dessein l'instrument et recommencer ainsi plusieurs fois l'opération, il est rare alors qu'il n'y ait pas dans chaque mesure une différence de quelques minutes. Supposons qu'ayant mesuré quatre fois un même angle on ait trouvé successivement : 54° 35', 54° 40', 54° 25', 54° 35'; en ajoutant ces résultats et prenant le quart de la somme, on aura une moyenne de 54° 33' 45", qui sera la valeur la plus probable de l'angle.

On peut aussi, après avoir mesuré un angle, mesurer son supplément. Si les deux mesures obtenues font ensemble 180°, on en conclura que la première était exacte.

Pour s'exercer à lever ou à mesurer des angles avec précision, on peut faire l'opération suivante : Choisissant un point A environné de tous côtés d'objets remarquables, on y place la planchette ou le graphomètre, et commençant à droite, par exemple, à partir du point B, on prendra successivement les angles BAC, CAD, DAE, *etc*... formés autour du point A. Si les opérations sont bien faites, en additionnant les valeurs de tous ces angles, on devra trouver 360 degrés.

Remarquons que lorsqu'on mesure des angles sur le terrain, il faut toujours viser aux points les plus apparens des objets, tels que l'extrémité d'un mur, le côté d'une cheminée, d'une fenêtre; la pointe d'un clocher, le tronc d'un arbre, etc.

X.

Orienter le plan d'un terrain.

Orienter un plan c'est chercher une ligne qui, tracée sur ce plan, indique la direction *nord-sud*. Supposons qu'on ait levé le plan CD d'un terrain et qu'on veuille l'orienter; on placera la boussole au point A, en dirigeant son alidade suivant AB qui est représentée par ab dans le plan; l'aiguille aimantée prenant alors la direction nord-sud, on comptera, sur le cercle, de combien de dégrés elle est éloignée du diamètre; soit ce nombre 32°, on fera alors avec le rapporteur, au point a du plan, sur ab, un angle de 32 dégrés, et la droite ac indiquera la direction demandée. Le nord sera du côté de c ou de a, selon que dans l'opération la partie bronzée de l'aiguille était dirigée dans le sens de E ou dans le sens opposé.

LEÇON QUATRIÈME.

DES PERPENDICULAIRES.

Fig. 1. 19. Une ligne droite est dite *perpendiculaire* sur une autre lorsqu'elle forme avec elle un angle droit. AC est perpendiculaire sur CB et réciproquement BC est perpendiculaire sur AC. Il suit de là que pour élever une perpendiculaire sur une droite, il suffira d'y former un angle droit.

20. *Par un point C pris sur une droite CB, il ne peut passer qu'une seule perpendiculaire à cette droite.* Car toute autre droite que CA ferait, au point C, avec CB, un angle plus grand ou plus petit qu'un droit.

Fig. 2. 21. *Par un point A pris hors d'une droite CB, il ne peut passer qu'une seule perpendiculaire à cette droite.* En effet, supposons qu'on puisse mener la perpendiculaire AD différente de AC; prenons, sur le prolongement de AC un second point extérieur A' également distant du point C. Il est clair qu'en vertu de la symétrie des deux figures, on pourrait aussi, de ce point, mener au point D une perpendiculaire A'D différente de A'C. Or, pour que les angles ADC et A'DC fussent droits, il faudrait (13) que la ligne ADA' fût une ligne droite perpendiculaire sur BC et non une ligne brisée.

Fig. 3. 22. On appelle *oblique* une droite qui n'est pas perpendiculaire à celle qu'elle rencontre. AD est oblique sur CD.

Si d'un point pris hors d'une droite DC, on mène, jusqu'à la rencontre de cette droite, une perpendiculaire AC et une oblique quelconque AD, la perpendiculaire sera toujours la plus courte. Pour le prouver, prolongeons AC d'une longueur égale à elle-même jusqu'en A', et joignons A' et D. Si l'on plie la figure suivant DC, la ligne CA', en vertu de l'égalité des angles droits ACD, A'CD, se rabattra exactement sur CA; et comme ces deux lignes sont égales, le point A' tombera sur le point A. Donc, la ligne DA' se superposera exactement sur DA, et lui sera par conséquent égale. Mais la ligne brisée ADA' est plus grande que la droite AA' comprise entre les mêmes points (4), donc, sa moitié AD est plus grande que la moitié de AA', c'est-à-dire, plus grande que AC. Donc, en général, la perpendiculaire est plus courte que toute oblique qui part du même point.

Fig. 4. 23. *Si d'un point extérieur A, on mène, à une droite, une perpendiculaire AC, et de chaque côté, deux obliques AD, AB dont les pieds B et D s'écartent également du pied C de la perpendiculaire, les deux obliques seront égales.*

Cette proposition se prouvera par superposition, comme la précédente, en observant de plier la figure suivant la perpendiculaire AC.

Fig. 5. 24. *L'oblique la plus voisine de la perpendiculaire est toujours la plus courte.* Soient les obliques AB, AE inégalement distantes de la perpendiculaire AC, menons par le point B une ligne BF perpendiculaire à AB; AB sera perpendiculaire sur BF et AF oblique sur BF; donc (22), AB sera plus courte que AF, et, parconséquent, que AE.

Concluons de ce qui précède,

25. Que, *la perpendiculaire étant le plus court chemin pour aller d'un point à une droite, elle mesure leur vraie distance;*

26. Que, *d'un point à une droite, on ne peut mener plus de deux droites égales;*

27. Que, *tout point H, I, K, d'une perpendiculaire sur le milieu d'une droite, est également distant des extrémités D et F de cette dernière;* Fig. 6.

28. Que, *Tout point L, pris hors de la perpendiculaire sur le milieu d'une droite, est inégalement eloigné des extrémités D et F de cette droite*; c'est-à-dire que les lignes LD, LF seront inégales. En effet, menons l'oblique AF correspondante à son égale AD; la ligne brisée LAF est plus grande que LF; mais LAF est égale à la droite LD (23), donc LD est plus grande que LF. Fig. 7.

29. D'où il suit que, *tout point, pris à égale distance des extrémités F et D d'une droite, appartiendra nécessairement à la perpendiculaire sur le milieu de cette droite.* Il suffira donc (3), pour qu'une droite soit perpendiculaire à une autre, qu'elle passe par deux points également distans des extrémités de cette dernière.

APPLICATIONS.

I.

Élever une perpendiculaire à une droite tracée sur le papier.

Cette question sera facile à résoudre au moyen du rapporteur : Il suffira en effet de faire un angle droit sur la ligne donnée.

Mais le rapporteur n'ayant qu'un rayon assez petit et les perpendiculaires qu'on a à tracer pouvant être assez étendues, on conçoit que la plus petite erreur dans l'appréciation de l'angle droit sur le rapporteur conduirait à tracer des droites qui prolongées finiraient par s'écarter beaucoup des vraies perpendiculaires. On substitue donc au rapporteur un instrument appellé *équerre.* Cet instrument se compose ou de deux règles assemblées bien exactement à angle droit, comme A B C, ou d'un triangle en bois dur dont deux côtés A B et B C se rencontrent à angle droit. Si donc, on voulait élever une perpendiculaire sur une ligne D E, au moyen de cet instrument, on placerait le côté B C sur cette ligne et le côté A B servirait à tracer la perpendiculaire. Si cette dernière devait être plus longue, on appliquerait une règle B F le long du côté B A, et, retirant l'équerre, on aurait la facilité de tracer la perpendiculaire aussi longue que l'on voudrait.

Cependant cet instrument étant sujet à varier par l'effet de la chaleur et de l'humidité, on fera bien de le vérifier avant de s'en servir; pour cela, on l'appliquera le long d'une règle exacte, et l'on tracera la perpendiculaire A B; puis, le retournant, sens dessus dessous, de sorte que C vienne en C', on l'appliquera contre la partie A C' de la règle; si le côté A B s'accorde encore avec la ligne tracée, l'équerre sera suffisamment juste.

On peut élever les perpendiculaires avec le simple secours de la règle et du compas, comme nous allons le montrer dans les Nos suivans; c'est même le seul parti qu'il y ait à prendre lorsqu'on a besoin d'une grande précision.

II.

Elever une perpendiculaire sur le milieu d'une droite.

Pour élever une perpendiculaire sur le milieu de A B, du point A, comme centre, et avec une ouverture de compas plus grande que la moitié de A B, on décrit un arc de cercle au dessus de cette ligne et un autre au dessous; on fait la même opération, du point B comme centre; les points C et D où les arcs se coupent étant évidemment à égale distance des extrémités A et B, appartiendront à la perpendiculaire qu'il sera alors facile de tracer.

Au lieu de décrire les arcs de cercle au dessus et au dessous de la ligne A B, on pourrait les décrire du même côté, comme on le voit dans la figure (x). Cette méthode serait indispensable si l'on était borné dans un des sens.

L'opération que nous venons de décrire peut servir à diviser exactement une ligne droite en deux parties égales.

III.

Elever une perpendiculaire en un point quelconque d'une droite.

Soit le point C par lequel on veut faire passer une perpendiculaire à B E. On prendra, de chaque côté de ce point, deux longueurs égales C D et C E, et il ne restera plus qu'à élever, par la méthode précédente, une perpendiculaire sur le milieu C de D E. On remarquera seulement que le point C de la perpendiculaire étant déjà déterminé, on n'aura plus qu'un seul point à chercher; ce qui se fera par deux arcs de cercle seulement.

IV.

Elever une perpendiculaire à l'extrémité d'une droite.

Il suffira de prolonger la ligne donnée d'une quantité égale à elle-même, et d'élever ensuite une perpendiculaire sur le milieu de la ligne totale. Nous verrons plus tard comment on doit s'y prendre quand la ligne ne peut être prolongée.

V.

Abaisser une perpendiculaire, d'un point extérieur, sur une droite.

Pour abaisser, d'un point A, une perpendiculaire sur une droite G H, il faut, de ce point comme centre, et avec une ouverture de compas plus grande que la distance du point à la ligne, décrire sur G H deux arcs de cercle qui la coupent en C et D. Puis, de ces deux points comme centre, déterminer comme ci-dessus un point I de la perpendiculaire, et, joignant le point A et le point I, on aura la ligne demandée.

Remarque. Les quatre problèmes précédens peuvent se résoudre au moyen du cordeau, lorsqu'on opère sur un plan ou sur un terrain peu étendu et suffisamment uni.

VI.

Mener une perpendiculaire à une verticale. Niveau de maçon.

Soit un fil-à-plomb EF librement suspendu, sur lequel on choisisse un point A auquel on applique deux obliques égales AD, AB; il est clair que la ligne qui joindrait B et D serait perpendiculaire à la verticale tracée par le fil-à-plomb, si ce fil, passant en A, passait en-outre par le milieu C de BD.

C'est sur ce principe qu'est fondée la construction d'un instrument appelé *Niveau de maçon.* Les deux branches AD, AB doivent être parfaitement égales, et sur la traverse GH doit être marqué un point C également distant de D et de B. Si donc l'instrument est placé de manière que le fil-à-plomb passe au point C, toute droite tracée ou appliquée sur les point D et B sera perpendiculaire à la verticale AC.

Donnons maintenant, à une règle bien dressée et placée sur champ, une direction horizontale EF, au moyen du niveau d'eau ou du niveau à bulle d'air. En y appliquant le niveau de maçon, le fil-à-plomb passera exactement par le point C, et s'en écartera dès qu'on écartera la règle de sa direction horizontale. On en conclut que la perpendiculaire à une verticale n'est autre chose que l'horizontale qui la rencontre, et c'est pourquoi on a donné le nom de *niveau* à l'instrument dont nous parlons. On peut donc résoudre la question proposée plus généralement en disant que, pour mener une perpendiculaire à une verticale, il suffira de la couper par une horizontale, de même que pour mener une perpendiculaire à une horizontale il suffira de la couper par une verticale.

Le niveau de maçon étant sujet à s'user inégalement par les deux bouts et à varier suivant la chaleur et l'humidité, il serait à souhaiter qu'il fût remplacé par un petit niveau à bulle d'air dont l'emploi serait beaucoup plus commode et beaucoup plus sûr. Néanmoins, il est d'un usage journalier dans les constructions, soit pour poser horizontalement les pierres de taille et les pièces de charpente, soit pour déterminer les points I, K, L..... des horizontales suivant lesquelles un carrelage doit être dressé. On l'emploie encore à règler des pentes telles que M, N, O....Pour que la pente soit régulière, il faut qu'à chaque coup de niveau le fil-à-plomb passe en un même point *f* différent du milieu C.

VII.

Mener une perpendiculaire sur un point d'une droite tracée dans la campagne.

On placera le graphomètre sur le point où l'on veut que la perpendiculaire coupe la ligne tracée. Dirigeant ensuite l'alidade fixe sur cette ligne AB et plaçant l'alidade mobile sur la division qui marque 90 dégrés, on fera planter des jalons F, D... dans sa direction. La ligne CD sera la perpendiculaire demandée.

L'équerre d'arpenteur, destinée à tracer des angles droits et par conséquent des perpendiculaires, est employée, dans le cas présent, plus avantageusement que le graphomètre. C'est un instrument en cuivre présentant quatre faces pareilles, percées dans leur milieu par des fentes verticales qui se correspondent et se croisent à angle droit sur le centre de

4

l'instrument. Ainsi en visant d'abord suivant la ligne 1, puis, suivant la ligne 2, on pourra facilement tracer deux lignes perpendiculaires l'une à l'autre.

L'équerre d'arpenteur a souvent huit pans au lieu de quatre; elle donne alors, au besoin, non seulement les angles droits, mais les angles de 45 dégrés.

VIII.

QUESTION. *Des assiégeans campés suivant la ligne BC, veulent savoir en quel point ils sont le plus près du bastion A, afin d'y établir leurs batteries.*

La perpendiculaire étant la plus courte distance d'un point à une droite, cette question revient à mener, du point extérieur A, une perpendiculaire sur une droite B C tracée dans la campagne, et le pied de cette perpendiculaire sera le point cherché. Il faudra donc planter des jalons suivantB C et s'avancer sur cette ligne, avec le graphomètre, jusqu'à ce que, le diamètre étant dirigé sur les jalons et l'alidade mobile placée sur 90 dégrés, on aperçoive le bastion A dans la direction de cette alidade. Lorsqu'il en sera ainsi, le point où se trouvera l'instrument sera le point demandé.

Cette opération peut se faire plus commodément au moyen de l'équerre d'arpenteur.

IX.

QUESTION. *Deux particuliers possèdent en commun un champ au milieu duquel ils permettent de faire creuser un canal; mais à la condition qu'en aucun endroit, il ne sera plus près de la porte de l'un que de celle de l'autre.*

Supposons que les deux maisons aient la position indiquée dans la figure; on commencera par tracer une ligne droite A B, d'une porte à l'autre; on prendra le milieu C de cette ligne, et y plaçant l'équerre d'arpenteur, on y tracera O G perpendiculaire sur A B. Cette perpendiculaire donnera la direction que doit suivre le canal pour remplir les conditions du problême; car on aura AG = GB, AF = FB, AO = OB, etc.

LEÇON CINQUIÈME.

DES PARALLÈLES.

Fig. 1. 30. Deux lignes droites sont dites *parallèles*, lorsqu'elles forment avec une troisième deux angles égaux dont l'ouverture est tournée dans le même sens. AB et CD, formant avec EF les deux angles G et H égaux et tournés dans le même sens, sont deux parallèles. La ligne EF s'appelle *sécante*; les angles G et H se nomment *angles correspondans*.

31. Il résulte de cette définition que, par un même point, on ne peut mener qu'une seule parallèle à une droite donnée.

32. *Deux droites perpendiculaires à une troisième, sont parallèles entre elles.* Car alors Fig. 2.
les angles droits G et H sont des angles correspondans égaux (13).

33. *Deux droites* AB, CD *parallèles à une troisième* EF *sont parallèles entre elles.* En Fig. 3.
effet, en vertu de leur parallélisme avec EF, les angles G et I qu'elles forment avec une sécante quelconque sont tous deux égaux à l'angle H (30); et par conséquent égaux entre eux. Donc AB et CD sont parallèles.

34. *Deux parallèles ne peuvent se rencontrer à quelque distance qu'on les imagine* Fig. 4.
prolongées. Car si elles se rencontraient en un point quelconque I, les angles correspondans G et H ne seraient plus égaux. En effet (10), l'angle H se composerait de l'espace indéfini EGID, plus l'espace limité GHI; tandis que l'angle G se composerait du même espace indéfini EGID, plus l'espace DIB illimité et par conséquent plus grand que GHI.

35. *Deux parallèles sont partout également distantes.* Car il est évident que, si en Fig. 5.
quelqu'endroit elles se trouvaient plus près qu'en un autre, elles seraient inclinées l'une à l'autre, et, prolongées suffisamment, finiraient par se rencontrer.

Il suit de là que, si, de plusieurs points quelconques EGI d'une des parallèles, on mène des perpendiculaires EF, GH, IK sur l'autre parallèle, toutes ces perpendiculaires seront en même temps égales et parallèles, et que l'une quelconque d'entre elles donnera la vraie distance des deux lignes.

36. *Les angles qui ont leur ouverture dans le même sens et leurs côtés parallèles sont* Fig. 6.
égaux. En effet, en prolongeant DE jusqu'à la rencontre de BC, on formera un nouvel angle G, auquel les angles E et B seront égaux comme correspondans. Les deux angles proposés étant égaux à un troisième seront donc égaux entre eux.

37. *Les parties de parallèles* AB, CD *interceptées entre deux autres parallèles* IK, LM, Fig. 7.
sont égales. Pour le prouver, transportons la figure BAE sur la figure DCF; en vertu de l'égalité des lignes AE, CF, le point A pourra s'appliquer exactement sur le point C, en même temps que le point E s'appliquera sur le point F; mais en vertu de l'égalité des angles parallèles *a* et *c*, la ligne AB sera assujétie à suivre la ligne CD, et en vertu de l'égalité des angles droits *e* et *f*, EB sera assujétie à suivre DF; de sorte que les deux lignes AB, EB ne pourront se rencontrer qu'au point D où se rencontrent les deux autres, donc AB et CD coïncideront exactement, donc elles sont égales.

38. La sécante forme avec deux parallèles huit angles qui, considérés par couples, Fig. 8.
prennent des noms différens, et servent à établir de nouvelles propriétés des parallèles.

I. Les angles égaux B et F sont les seuls que nous ayons déjà désignés (30) sous le nom de *correspondans;* mais il est facile de concevoir que les angles D et H, A et E, C et G sont aussi des angles correspondans.

II. Les angles C et F, situés en dedans des parallèles et de chaque côté de la sécante se nomment *alternes-internes*, et chacun d'eux étant égal à l'angle B (16) (30), il s'en suit qu'ils sont égaux entre eux. Les angles D et E sont aussi alternes-internes, et par conséquent égaux.

III. Les angles A et H, qu'on appelle *alternes-externes*, étant tous deux égaux à l'angle E (30) (16), sont égaux entre eux. Les angles B et G sont aussi alternes-externes, et par conséquent égaux.

IV. Les angles C et E qu'on appelle *internes du même côté*, sont supplémentaires; c'est-à-dire, qu'ils valent ensemble deux angles droits ou la demi-circonférence. En effet, C est le supplément visible de A, et par conséquent, aussi celui de E qui est égal à A (30). Les angles D et F sont aussi des angles internes du même côté.

V. Les angles A et G qu'on appelle *externes du même côté*, sont supplémentaires. En effet, A est le supplément visible de C, et par conséquent aussi, celui de G qui est égal à C (30). Les angles B et H sont aussi des angles externes du même côté.

Toutes les fois que deux droites auront, dans leur rencontre avec une troisième, l'une quelconque de ces cinq propriétés, on en conclura qu'elles sont parallèles, car il serait facile de démontrer que chacune de ces propriétés entraîne nécessairement toutes les autres. L'une quelconque d'entre elles, pourra donc servir à mener une parallèle à une droite donnée.

39. Voyons maintenant ce qui arrive lorsque des parallèles sont coupées par deux sécantes qui se coupent elles-mêmes. Les points d'interjection déterminent alors des lignes qui ont entre elles des rapports constans, et que pour cette raison on appelle *lignes proportionnelles*.

Fig. 9. *Si deux parallèles coupent une sécante EF, de manière que la partie intérieure FG soit égale à la partie extérieure GE, toute sécante, menée par l'extrémité E de la première, sera coupée de la même manière.* Menons GK parallèle à EI; en vertu de l'égalité de FG et de GE et de celle de tous leurs angles (36), les deux figures EGH, GFK pourront coïncider exactement: donc EH sera égale à GK; mais HI est égale à GK (37); donc les deux parties EH, HI de la seconde sécante sont égales entre elles comme étant égales à une troisième ligne GK.

Fig. 10. On démontrerait de même que si EG et GF étaient divisées en un même nombre de parties égales, les parallèles à CD, qu'on mènerait par les points de division, diviseraient aussi EH et HI en un même nombre de parties égales entre elles. Donc, la première sécante contiendrait une de ses parties EN, autant de fois que la seconde sécante contiendrait une de ses parties EO; de même, la première sécante contiendrait le double, le triple, le quadruple de EN, autant de fois que la seconde sécante contiendrait le double, le triple, le quadruple de EO, etc..... Or, lorsque quatre quantités se contiennent deux à deux de la même manière, elles forment une proportion géométrique. On aura donc, en représentant les sécantes par S et S', et prenant les divisions formées par la parallèle LM:

$$S : 5\,EN :: S' : 5\,EO, \quad \text{et} \quad S : 3\,EN :: S' : 3\,EO;$$

Changeant les moyens de place, il viendra:

$$S : S' :: 5\,EN : 5\,EO, \quad \text{et} \quad S : S' :: 3\,EN : 3\,EO,$$

Et, à cause du rapport commun S : S':

$$5\,EN : 5\,EO :: 3\,EN : 3\,EO;$$

Remplaçant, dans ces trois dernières proportions, les valeurs 5 EN, 5 EO, 3 EN, 3 EO, par les lignes qui les représentent dans la figure, nous aurons:

$$S : S' :: EL : EM \quad \text{ou} \quad :: LF : MI, \quad \text{et} \quad EL : EM :: LF : MI.$$

Ce qui nous apprend que, dans le cas où les divisions de EF sont égales, les sécantes sont proportionnelles à leurs parties extérieures et à leurs parties intérieures, et qu'en outre ces mêmes parties sont proportionnelles entre elles.

40. *Lorsque deux parallèles coupent deux sécantes qui se rencontrent, les sécantes sont proportionnelles à leurs parties extérieures et à leurs parties intérieures, et ces parties elles-mêmes sont proportionnelles entre elles.* En effet, supposons la sécante EF partagée en un nombre infini de parties égales, le point L sera nécessairement un des points de division, et nous retomberons alors dans le cas précédent. Fig. 11.

41. Réciproquement : *Si deux sécantes qui se rencontrent sont coupées en parties proportionnelles, les droites qui les coupent sont parallèles.* Car on aura, par la supposition, EL : EM : : LF : MI. Mais si FI n'est pas parallèle à LM, on pourra, par le point F, lui mener une parallèle FK qui donnera, d'après le principe précédent : EL : EM : : LF : MK; or les trois premiers termes de ces deux proportions étant les mêmes, pour qu'elles soient exactes, il faut que MI soit égale à MK; par conséquent, le point I doit se confondre avec le point K, et FI n'est autre chose que la parallèle à LM. Fig. 12.

42. *Les parties de parallèles comprises entre deux sécantes qui se coupent, sont proportionnelles à leurs distances au point de rencontre, ces distances étant prises sur les sécantes mêmes* : c'est-à-dire qu'on a, FI : LM : : EF : EL, ou bien FI : LM : : EI : EM. En effet, menons LG parallèle à EI, nous aurons (40), en considérant EF et FI comme sécantes, FI : IG : : EF : EL; mais IG = LM; donc, FI : LM : : EF : EL. Fig. 13.

Cela serait encore vrai si les parallèles étaient situées de chaque côté du point d'intersection des sécantes, car alors on a (40), BC : CD : : BA : AE; mais CD = FE, donc BC : FE : : BA : AE. Fig. 14.

43. Et, en général, toutes ces propriétés auraient encore lieu, quel-que fût le nombre des parallèles et le nombre des sécantes qui, partant d'un même point, les rencontreraient. Fig. 15.

Cette théorie que nous simplifions et que nous abrégeons autant que possible, est de la plus haute importance dans les mathématiques; elle est extrêmement féconde en applications.

APPLICATIONS.

I.

Mener une parallèle à une droite tracée sur le papier.

Soit AB la droite donnée et C le point par lequel on veut lui mener une parallèle; on tracera, par le point C, une sécante quelconque CD sur laquelle on fera, au point C, un angle GCH égal à l'angle CDB; le côté CH sera la parallèle demandée.

On pourrait aussi faire usage de l'équerre pour mener cette parallèle. Appliquez un des côtés de l'équerre sur AB et une règle AR le long de l'autre côté de l'équerre; la règle étant bien fixée, faites ensuite glisser l'instrument jusqu'à ce que l'arête qui était sur AB, vienne toucher le point C, et tracez CH : cette droite sera parallèle à la ligne donnée.

On voit, par la figure, que la règle peut être appliquée à l'équerre de deux manières également propres à conduire au résultat. Ce moyen est d'ailleurs le plus expéditif et le plus sûr quand les lignes n'ont pas beaucoup de longueur; aussi, est-il d'un usagé fréquent dans le tracé des plans et dans l'exécution des dessins d'architecture.

II.

Former, avec l'équerre, un angle égal à un autre.

S'il s'agissait de faire, au point E, un angle égal à l'angle ABC, il suffirait de mener, par ce point, au moyen de la règle et de l'équerre, une parallèle à BA, puis une parallèle à BC; l'angle DEF serait l'angle demandé.

III.

Mener une parallèle à une droite au moyen de deux perpendiculaires à cette droite.

Par le point où doit passer la ligne demandée, abaissez CD perpendiculaire à AB; puis, en un point quelconque de AB élevez une seconde perpendiculaire EF sur laquelle vous porterez, de E en G, la longueur CD de la première. Le point G appartiendra à la parallèle qu'il sera alors facile de tracer.

IV.

Elever une perpendiculaire à l'extrémité d'une ligne qui ne peut être prolongée.

Commencez par élever une perpendiculaire CD sur le milieu de cette ligne; puis, par l'extrémité B, menez, à CD, une parallèle BE. Cette dernière sera perpendiculaire sur l'extrémité B de la ligne donnée.

V.

Tracer, sur une carte, la route qu'a tenue un vaisseau.

Cette opération s'appelle en terme de marine *pointer* ou *faire le point*. Elle consiste à mener, par certains points, des parallèles à des lignes déjà tracées. Supposons que le vaisseau, parti d'un point A marqué sur la carte, ait fait 24 lieues vers le sud, puis, 52 lieues vers l'est-nord-est, 26 vers le sud-est, 49 vers le nord-nord-est, 58 vers l'est, et enfin 18 vers le nord-est.

Du point de départ A marqué sur la carte, menez AB parallèle à la ligne sud et donnez-lui une longueur de 24 parties de l'échelle; du point B menez BC parallèle à la ligne est-nord-est, et donnez-lui 52 parties de l'échelle; en continuant ainsi, vous aurez la ligne ABCDEFG qui représentera fidèlement la route qu'a suivie le vaisseau. On conçoit que si le point G appartient, par exemple, à une île inconnue et qui par conséquent n'existerait pas sur la carte, le tracé que l'on vient de décrire suffirait pour y établir sa position.

VI.

Mener une parallèle à une droite tracée sur un plan.

Si le plan a quelque étendue, on emploiera le procédé du n° III, en substituant le cordeau au compas ou à l'équerre.

Les menuisiers qui n'ont à opérer que sur des plans de peu de largeur, dressent parallèlement les arêtes des pièces qu'ils préparent au moyen d'un instrument qu'ils nomment *trusquin*. Cet instrument est composé d'un plateau en bois et d'une règle, aussi épaisse que large, qui le traverse perpendiculairement et porte vers son extrémité une pointe destinée à tracer. On conçoit que, le plateau étant appliqué le long d'une arête bien dressée AB, si on le fait glisser le long de cette arête, le point D, constamment maintenu à la distance CD de la ligne AB, tracera une droite GH parallèle à cette ligne. La règle étant d'ailleurs mobile à volonté dans le plateau, la distance CD varie selon la distance qu'on veut donner aux deux parallèles.

VII.

Mener une parallèle à une droite tracée sur le terrain.

Supposons, par exemple, qu'ayant un côté AB d'une avenue, nous voulions tracer l'autre par un point donné C; il faudra d'abord mener, avec des jalons, une ligne FCG passant par ce point; puis, plaçant le graphomètre sur le point F, mesurer l'angle AFG. Soit 50 degrés la valeur de cet angle; on fera au point C, sur CF, un angle de 50 degrés, et les jalons plantés suivant son côté CH détermiront la parallèle demandée.

Cette opération se ferait aussi facilement au moyen de l'équerre d'arpenteur.

VIII.

Prolonger une droite malgré un obstacle impénétrable.

Soit AB la direction d'une route arrivant sur un bois qu'elle doit traverser, on voudrait, afin de ne pas perdre de temps, attaquer le bois des deux côtés à la fois.

Il est évident que, pour cela, il faudra connaître deux points E et F situés sur le prolongement de AB; formant donc, en B, avec l'équerre d'arpenteur, un angle droit ABC, au moyen du même instrument, on mènera, par le point C la ligne CG parallèle à AB et par conséquent à son prolongement; puis, choisissant convenablement les points D et G, on y élèvera des perpendiculaires DE et GF qu'on fera de même longueur que BC; leurs extrémités E et F appartiendront au prolongement de la route.

IX.

Tracer une ligne brisée égale et pareille à une autre.

Soit, par exemple, ABCDEF une ligne brisée qu'il s'agit de tracer exactement sur un autre plan. Menez au-dessous une droite GH; du point A, abaissez AG perpendiculaire sur cette droite et par les points B, C, D, E, F, de la ligne brisée menez des parallèles à AG. Traçant ensuite, sur un autre plan, une droite *gh* portez-y, à la suite les unes des autres, les longueurs GK, KL, LM, MN, NO; élevez aux points *g*, *k*, *l*, *m*, *n*, *o* des perpendiculaires que vous ferez de la longueur des lignes GA, KB, LC, MD, NE, OF, et joignant les points a, b, c, d, e, f, vous aurez la ligne demandée.

Si les lignes GA, KB, LC, etc... n'étaient pas tracées perpendiculairement à GH, mais qu'elles fissent avec cette ligne un certain angle, il faudrait que les lignes *ga*, *kb*, *lc*, etc... fissent toutes le même angle avec la droite gh.

X.

Tracer une ligne qui représente le fonds d'un fleuve, d'un lac, etc.

C'est par une méthode semblable à la précédente que l'on figure les lignes sinueuses qui forment le fonds des eaux. Supposons qu'un ingénieur soit chargé de construire un pont sur la rivière AB que la figure représente coupée suivant sa largeur. Il est évident que, pour faire le plan de son travail, il lui faudra connaître exactement la ligne qui forme le fonds de l'eau suivant la direction AB. Pour cela, il fera mesurer des sondes à des distances assez rapprochées, et mesurer aussi, chaque fois, la distance d'une sonde à l'autre; ces longueurs, réduites suivant l'échelle qu'il aura choisie, étant tracées sur le papier conformément à la méthode précédente, il joindra les extrémités a, c, d, e, f, g, etc... par des courbes dont l'ensemble représentera le fonds de la rivière suivant AB.

XI.

Transformer un profil droit en un profil rampant.

Soit une galerie ABQR qu'il faille continuer suivant la rampe RS d'un escalier; ayant tracé sur le profil droit l'axe PO, menez DEt, FGu, HIv, KLx, MNy perpendiculaires à cet axe et à BR; menez ensuite, par les points t, u, v, x, y des parallèles à la rampe RS; des points e, g, i, l, n, où elles rencontrent l'axe *po*, vous porterez sur ces parallèles les longueurs ed = ED, gf = GF, ih = IH, lk = LK, nm = NM, et au moyen des points principaux d, f, h, k, m, vous tracerez le profil *dm*, dont les proportions seront les mêmes que celles du profil DM, mais qui sera rampant au lieu d'être droit.

XII.

Mesurer la hauteur d'un édifice, au moyen d'une pente plus élevée qui se trouve auprès.

Placez, au pied de la pente et du côté de l'édifice, le jalon AB d'une grandeur déterminée; disposez-le bien verticalement au moyen du fil-à-plomb; déterminez ensuite, sur la pente, avec l'équerre EAF, le point D qui est de niveau avec l'extrémité du jalon, et placez-y un autre jalon CD de la même longueur. Opérez ainsi successivement; arrivé à la dernière station, vous verrez à quelle hauteur il faudra placer l'équerre pour que l'une de ses branches GI réponde au sommet de l'édifice et par conséquent quelle longueur il faut prendre sur le dernier jalon. Une simple addition des hauteurs BA, DC, KL et MG fera connaître la hauteur de l'édifice.

On mesurerait de même la hauteur d'une montagne par des stations faites sur une montagne opposée.

Remarque. Les hauteurs que nous mesurons étant toujours prises perpendiculairement à des horizontales, sont des verticales tendant, comme le fil-à-plomb, vers le centre de la terre; or la terre étant un globe, il est évident que les verticales disposées à sa surface ne sont pas parallèles; qu'ainsi, dans la méthode précédente on doit commettre une petite erreur, elle devient très-sensible pour peu qu'on exagère la figure, mais elle est certainement inappréciable à de petites distances; autrement, il faudrait admettre que nos maisons sont plus larges en haut qu'en bas, et que la tête d'un homme qui marche fait plus de chemin que ses pieds, comme décrivant un arc plus éloigné du centre.

XIII.

Niveler entre deux points non visibles à la fois.

Supposons qu'ayant à niveler les points A et B, on ne puisse apercevoir un de ces points lorsqu'on est placé à l'autre; on sera obligé de donner plusieurs coups de niveau tels que en E, F, G. Soit Aa = 1m25, bc = 1m30, gf = 0m28, Be = 1m80. Il est clair que la distance du point A à l'horizontale CD se composera de Aa + bc, c'est-à-dire de 2m55; et que la distance de B à la même ligne se composera de Be + fg, c'est-à-dire de 2m08. On fera donc la différence de ces deux sommes, et on en concluera que le point A est plus bas que le point B, de 0m47.

On pourrait faire sur les quatre verticales employées dans cette opération des observations pareilles à celles que nous avons faites dans le N° précédent; on doit en conclure que ces sortes de nivellement ne sont exacts que pour des distances de quelques toises.

XIV.

Lever le plan d'un terrain en n'employant que des parallèles.

Formez en un point quelconque O, au moyen de l'équerre d'arpenteur, un angle droit POR dans lequel le terrain que vous voulez lever soit compris tout entier. Avancez-vous ensuite, avec l'instrument, sur la ligne OP et de chaque point C, H, A, D, K..... abaissez des perpendiculaires sur cette ligne; mesurez exactement Oc, ch, ha, ad, db...... et faites la même opération sur le côté OR.

Ces mesures étant prises, formez, sur le papier, un angle droit *por*; portez successivement, sur *op* et dans le même ordre que vous les avez trouvées les longueurs Oc, ch, ha, ad, db...... réduites à l'échelle du plan; portez de même Oa', a'c', c'e', e'd'.... sur le coté *or*; puis, par les points de division de *op* menez des parallèles à *or*, et, par les points de division de *or*, menez des parallèles à *op*; ces lignes se rencontreront deux à deux, et de telle sorte que la rencontre des lignes menées par *a* et *a'* donnera le point *a* pour représentation du point A du terrain et ainsi des autres. Il est clair que, dans cette construction, chaque point du plan sera placé, relativement aux côtés de l'angle *por*, de la même manière que chaque point du terrain est placé relativement aux côtés de l'angle POR, et, conséquemment, que la représentation sera exacte.

XV.

Construction de l'échelle de dixme.

La dernière question et quelques-unes de celles qui précèdent, nécessitent, comme on l'a vu, l'emploi d'une échelle sur laquelle on puisse prendre avec le compas des longueurs destinées à représenter celles qu'on a mesurées sur le terrain. Il importe donc de savoir comment on peut construire une échelle contenant des parties qui soient exactement de dix en dix fois plus petites les unes que les autres. Cette subdivision lui a fait donner le nom d'*Échelle de Dîme.*

Pour cela, tracez deux parallèles L 200, A 200, distantes au plus de la dixième partie de leur longueur; terminez-les, à angle droit, par deux droites telles que la ligne AL, et divisez-les en onze parties égales par des parallèles à AL telles que Bo, 100-100, 200-200, etc.... Ces parties seront destinées à marquer chacune 100 unités; les dix dernières réunies en formeront donc mille. Quant à la première, elle contiendra aussi 100 parties; mais elle est principalement destinée à donner les dixaines et les unités, au moyen de la construction suivante.

En divisant la longueur AB en dix parties égales, chacune de ces parties formera une dixaine, et si l'on divisait chacune de ces dixaines en dix parties égales, on aurait les unités, au nombre de cent dans la longueur AB. Mais il arrive toujours que ces dixaines, telles que BR, RS, sont trop petites pour qu'on puisse les diviser commodément, ou pour que les divisions qu'on y pratique soient facilement aperçues. Pour remédier à cet inconvénient, on a eu recours à un procédé fort ingénieux : on a divisé la largeur de l'échelle aussi en 10 parties égales, et par ces divisions on a mené des parallèles, telles que 5,5, dans toute la longueur; puis, par les divisions des dixaines, on a mené des parallèles, telles que R 10, dans toute la largeur; ensuite on a joint par des transversales B 10, R 20, S 30... chaque parallèle avec la supérieure. Cela fait, il est extrêmement facile d'apprécier les unités, qui au lieu d'être rapprochées sur les lignes BR, RS..... sont écartées, sur les transversales, aux points 1, 2, 3, 4, 5, 6, 7, 8, 9, 10.

Si donc on veut donner à une ligne 254 parties par exemple, on placera une pointe du compas sur la ligne 200, on portera l'autre sur la division 50; puis, avançant, dans la largeur de l'échelle, jusqu'à la verticale marquée 4, on ouvrira le compas de manière qu'il embrasse la partie de cette verticale comprise entre la ligne 200 et la transversale qui passe au point 4; on portera ensuite cette ouverture de compas IK sur la ligne à laquelle on veut donner 254 parties.

Si, au contraire, on veut mesurer une ligne donnée, on porte sa longueur sur l'échelle, et après quelques essais, on trouve aisément à quel nombre de centaines, de dixaines et d'unités elle correspond. Ainsi, *ab* qui irait sur l'échelle de *a* en *b*, vaudrait 156; *ed* vaudrait 88; etc.....

XVI.

Question. *L'angle de deux murailles FAC devant être détruit pour la commodité d'un alignement, on demande de le remplacer par un pan coupé tel que l'allée du jardin DH sorte au milieu de ce pan.*

On voit qu'il s'agit de faire passer, au point D, une droite telle que les parties comprises entre ce point et les deux côtés de l'angle soient égales. Par ce point, menez DE parallèle à AC; prenez EF=AE, et menez la droite FDG; cette droite sera la ligne demandée.

XVII.

Trouver une quatrième proportionnelle à trois droites données.

Cette question revient à chercher une ligne qui forme le quatrième terme d'une proportion dont les trois premiers termes sont formés par les lignes données, c'est-à-dire que, M, N et O étant ces trois lignes, on doit avoir :

M : N : : O : la ligne cherchée.

On tracera donc deux droites indéfinies AB, AC qui se rencontrent sous un angle quelconque; sur la première on portera, à partir de A, AM=M et AN=N; sur la seconde AO=O; joignant M et O, et menant NP parallèle à MO, la ligne AP sera la quatrième proportionnelle aux trois droites données.

XVIII.

Trouver une troisième proportionnelle à deux droites données.

Comme il n'est ici question que de trois lignes, il faut nécessairement qu'une des lignes données, N par exemple, forme les moyens de la proportion, et qu'on ait :

M : N : : N : la ligne cherchée.

L'opération se fera donc comme la précédente, à l'exception que la ligne N sera employée deux fois.

XIX.

Diviser une droite de la même manière qu'une autre est divisée.

Soit NO la droite déjà divisée et AH la droite à diviser pareillement. On tracera, par le point A et sous un angle quelconque, une droite indéfinie AP sur laquelle on portera, successivement et dans l'ordre où elles se trouvent, toutes les parties de la ligne NO; on joindra l'extrémité P de la dernière division avec l'extrémité H de la ligne à diviser; puis, par les points I, K, L on mènera, parallèlement à PH, les droites IB, KC, LD qui couperont AH en parties proportionnelles à celles de AP et par conséquent à celles de NO.

On simplifie un peu ce procédé en menant, par l'extrémité H, une ligne QH parallèle à AP sur laquelle on prend les parties de NO en sens inverse; il n'y a plus alors qu'à joindre les points de division de AP et de QH.

Cette méthode peut être employée avantageusement pour a rtager exactement une ligne droite en parties égales. Elle peut aussi servir à retrancher à une droite l'une quelconque de ses parties. Ainsi, si l'on voulait retrancher à une ligne droite ses $\frac{4}{7}$, par exemple, on commencerait la construction comme pour la diviser en sept parties égales, et la parallèle menée par le 4e point de division donnerait la solution du problème.

XX.

Quel est le plus court chemin pour atteindre un vaisseau qu'on a sous le vent.

Supposons que les points A et *a* représentent la position des deux vaisseaux et *ae* la route que fait l'un d'eux. Il est évident que si le vaisseau A dirige constamment sa proue sur le vaisseau *a* qu'il veut atteindre, il décrira une courbe ABCD... E plus longue que la droite AE qu'il aurait pu parcourir.

Il faudra donc (fig. Z) qu'au lieu de se diriger sur *a*, il prenne une route, comme AB, portant en avant de *a*, et que, lorsque le vaisseau *a* sera arrivé en *b*, il ait fait lui-même un chemin AB contenu autant de fois dans AE que *ba* est contenu dans *a*E, c'est-à-dire, qu'il faut que les routes partielles des deux vaisseaux soient constamment proportionnelles aux routes totales qu'ils ont à faire. Ainsi, lorsque le vaisseau *a* sera en *b*, le vaisseau A devra se trouver en B sur Bb parallèle à Aa; lorsque le vaisseau *a* sera en *c*, le vaisseau A devra se trouver en C sur la parallèle Cc, et ainsi de suite; de sorte que les chemins partiels AB et *ab*, AC et *ac*, AD et *ad*..... étant accomplis dans le même temps, les routes totales AE et aE le seront aussi.

Supposons donc le cas le plus simple, (fig. U) celui où l'on se serait assuré, au moyen de la boussole, que le vaisseau *a* marche au nord et que l'aire de vent Aa est la ligne de l'est : l'angle NAa est alors un angle droit. Parvenu en des points tels que B, C..... on devra s'assurer si les angles NBb, NCc..... sont encore droits et, dans ce cas, on fera bonne route. Si ces angles augmentaient, comme dans la figure X, on en conclurait qu'on peut poursuivre suivant une route GH moins oblique que celle que l'on tient; si au contraire cet angle diminuait, comme dans la figure Y, il faudrait prendre une route IK plus oblique; mais si cette ligne approchait d'être parallèle à *ac*, il faudrait renoncer à atteindre le navire.

Un nageur ou un coureur qui en poursuit un autre, suit naturellement ce principe et ne cherche d'abord qu'à atteindre au loin son adversaire.

XXI.

Tracer sur une carte, par un point donné, un méridien qui tende au pôle; ce pôle étant situé hors de la carte.

La question se réduit à résoudre ce problême : deux lignes droites concourant en un point inaccessible ou invisible, mener, d'un point donné, une droite qui tende au même point.

Soient les lignes AO et BO concourant en un même point inaccessible O, et le point E celui par lequel la ligne droite demandée doit passer pour se rendre au point O. Par le point donné E, tracez la droite quelconque EC coupant AO et BO aux points D et C; par un point F, pris à volonté sur AO, menez FG parallèle à CD; et faites la proportion CD : DE : : FG : GH. GH étant la seule inconnue de cette proportion, vous trouverez sa longueur en cherchant, par le procédé du n° XVII, une quatrième proportionnelle aux lignes CD, DE et FG; portant alors GH sur GF vous déterminerez le point H; par ce point et par le point E vous mènerez une droite indéfinie qui sera la ligne demandée.

Si l'on avait donné le point *e* situé hors des droites AO, BO, on eût fait cette proportion : CD : Ce : : FG : Fh, et l'on eût trouvé *eh* de la même manière.

Le principe de cette construction repose sur ce que les parties de parallèles CD, FG DE, GH sont proportionnelles aux distances DO et GO, et parconséquent proportionnelles entre elles.

XXII.

Réduction des dessins.

Il arrive souvent qu'on soit obligé de réduire un dessin géométrique, de telle manière que les lignes du nouveau dessin soient la moitié, le tiers, le quart..... enfin, une partie quelconque des lignes correspondantes du modèle. On se sert, pour cela d'un *compas à quatre pointes.* Cet instrument est composé de deux branches égales réunies par une charnière B, laquelle peut être déplacée à volonté, au moyen de deux mortaises à jour *f g* et *h i* dans lesquelles on fait glisser le pivot qui la forme; de sorte que ce compas qui présente quatre pointes offre réellement deux compas opposés ABE et DBC.

Supposons maintenant le pivot B placé de manière que BC soit égale à 2 AB et parconséquent BD égale à 2 BE, il s'en suivra que la ligne DC, distance des grandes pointes, sera double de la ligne AE, distance des petites pointes, et cela aura toujours lieu quel que soit l'écartement des branches. Si donc, on veut réduire de moitié les lignes d'un dessin, on prendra les lignes du modèle avec les grandes pointes et les lignes de la copie se feront immédiatement avec les petites pointes. L'une des branches du compas porte des divisions marquées 2, 3, 4, 5, 6..... qui indiquent où l'on doit placer le pivot pour que les pointes A et E donnent des lignes qui soient la moitié, le tiers, le quart...... de celles que donnent les pointes D et C.

Il est évident qu'au lieu de réduire un dessin, on pourrait l'augmenter en agissant en sens inverse, c'est-à-dire en placant les petites pointes sur le modèle, et formant avec les grandes pointes les lignes correspondantes de la copie.

LEÇON SIXIÈME.

DROITES DANS LE CERCLE.

44. Une ligne droite peut ne toucher la circonférence d'un cercle qu'en un seul point, dans ce cas la droite est dite *tangente* au cercle, et le cercle *tangent* à la droite.

45. *La perpendiculaire menée à l'extrémité du rayon est tangente au cercle et réciproquement.* Car toute oblique, telle que CE étant plus longue que la perpendiculaire CD, aurait son pied E hors du cercle; donc le point D est le seul qui appartienne à la fois à la droite et à la circonférence, lesquelles par conséquent ne se touchent qu'en ce seul point. Fig. 1.

On démontrerait, de la même manière la réciproque de cette proposition, c'est-à-dire que toute tangente est perpendiculaire à l'extrémité du rayon qui passe au point de tangence; et, par le N° 20, qu'en un même point du cercle il ne peut passer qu'une seule tangente à ce cercle.

46. Deux cercles peuvent aussi être tangens l'un à l'autre, soit extérieurement, soit intérieurement. En effet, ces cercles peuvent évidemment passer par un même point D, et Fig. 2.

avoir, à ce point, une tangente commune T G perpendiculaire sur A C; ils ne se toucheront par conséquent qu'au point où ils touchent la tangente. En outre, T G étant perpendiculaire sur A C (45) nous en conclurons que *le point de tangence de deux cercles est toujours sur la droite qui joint leurs centres.*

Fig. 2. et 3. 47. *Lorsque deux cercles se touchent extérieurement, la distance des centres est égale à la somme des rayons;* car CA = CD + DA et *lorsqu'ils se touchent intérieurement, la distance des centres est égale à la différence des rayons*; car DG = DH — GH.

Fig. 4. 48. Une ligne droite peut rencontrer une circonférence en deux points; dans ce cas, la droite est dite *sécante au cercle.* La sécante ne peut rencontrer la circonférence en plus de deux points, autrement, les rayons AC, BC, DC qui partiraient de ces trois points, seraient trois droites égales menées d'un point sur une droite, ce qui est impossible. (26).

Fig. 5. 49. Toute partie de sécante telle que AB, qui joint deux points de la circonférence, se nomme *corde.* Une corde joint donc toujours les deux extrémités d'un arc; on dit alors que l'arc est soutendu par la corde : l'arc ACB, par exemple, est soutendu par la corde AB. Il est vrai que cette corde soutend aussi l'arc ADB, mais on rapporte les cordes aux arcs moindres que la demi-circonférence, à moins que le contraire ne soit précisément exprimé.

Fig. 6. et 7. 50. *Dans des cercles égaux ou dans le même cercle, les arcs égaux sont soutendus par des cordes égales;* car AB et CD étant des arcs égaux, on pourrait, en superposant les deux cercles, placer exactement les extrémités A et B du 1er arc sur les extrémités C et D du second. Les cordes AB et CD coïncideraient alors parfaitement; donc elles sont égales. On démontrerait aussi par la superposition des arcs, que cela a lieu dans un même cercle, et que réciproquement :

Dans des cercles égaux ou dans le même cercle, les cordes égales soutendent des arcs égaux; car alors si l'exacte superposition des arcs n'avait pas lieu, les cordes ne pourraient être égales.

Fig. 8. 51. *Le diamètre est la plus grande de toutes les cordes*; car soit AB une corde quelconque, le diamètre AD = AC + CB, ligne brisée plus grande que la corde AB.

52. Il est visible que si la corde AB se rapprochait du centre, elle augmenterait ainsi que l'arc qu'elle soutend; donc : *dans des cercles égaux ou dans le même cercle, le plus grand arc répond à la plus grande corde, et réciproquement.*

Fig. 9. 53. *La perpendiculaire élevée sur le milieu d'une corde passe toujours par le centre et par le milieu de l'arc soutendu par cette corde.* La perpendiculaire FC doit en effet (29) passer par tous les points également distans des extrémités A et B de la ligne AB; or, le centre (6) et le milieu de l'arc (50) sont dans ce cas; donc FC passe au centre du cercle et au milieu de l'arc AEB.

Fig. 10. 54. *Deux cordes parallèles interceptent entre elles des arcs égaux;* car la perpendiculaire FE commune à ces cordes et menée par le centre, divise en deux parties égales (53) chacun des arcs AEB, DEC; si donc des parties égales AE, BE on retranche les parties égales DE, CE, les restes AD et BC seront égaux.

On en conclura que les arcs interceptés entre une corde et une tangente parallèles ou entre deux tangentes parallèles, sont aussi égaux.

55. Lorsqu'un angle a son sommet au centre d'un cercle, on l'appelle *angle au centre*; s'il a son sommet sur la circonférence et ses côtés dans le cercle, on l'appelle *angle inscrit.*

56. *L'angle au centre a pour mesure l'arc compris entre ses côtés* (11). Fig. 11.

57. *L'angle inscrit a pour mesure la moitié de l'arc compris entre ses côtés.* Il se présente ici trois cas: le centre du cercle peut être placé sur un des côtés, ou entre les côtés, ou hors des côtés de l'angle.

I. Si le centre est sur un des côtés, menez le diamètre DE parallèle au côté AB; vous formerez ainsi l'angle au centre DGC égal à ABC comme correspondant de cet angle: donc DC, mesure du premier, sera aussi la mesure du second (12); or, on a DC = BE comme mesures d'angles opposés au sommet, et BE = AD comme compris entre cordes parallèles; donc DC = AD ou DC = 1/2 AC; donc l'angle ABC a pour mesure la moitié de AC. Fig. 12.

II. Si le centre est entre les côtés, en menant par le sommet un diamètre BD, on divisera l'angle en deux parties qui auront un côté au centre et conséquemment pour mesure, l'une 1/2 AD, l'autre 1/2 DC; donc l'angle total ABC a pour mesure la moitié de AC. Fig. 13.

III. Si le centre est hors des côtés, en menant par le sommet un diamètre BD, on aura un angle ABD dont la mesure sera 1/2 AC + 1/2 CD; mais la partie CBD de cet angle ayant un côté au centre, a pour mesure 1/2 CD, il ne reste donc pour l'autre partie que 1/2 AC; donc l'angle ABC a pour mesure la moitié de AC. Fig. 14.

58. Il suit de là que: *tous les angles qui ont leur sommet sur la circonférence et dont les côtés s'appuient sur le même arc, sont des angles égaux, et que ces angles sont droits, lorsque leurs côtés s'appuient sur les extrémités du diamètre.* Fig. 15. et 16.

59. L'inspection de la figure 17 fera voir en outre que plus le sommet d'un angle sera loin du centre, plus cet angle diminuera (11), et, d'après ce qui précède, on en conclura que l'angle AOD qui a son sommet entre le centre et la circonférence, aura pour mesure *plus que la moitié de l'arc* AD *compris entre ses côtés*, tandis que l'angle ABD qui a son sommet hors du cercle, aura pour mesure *moins que la moitié de cet arc.* Fig. 17.

60. *L'angle formé par une tangente et par une corde qui passe au point de tangence, a pour mesure la moitié de l'arc soutendu par la corde*; car en menant par le sommet A le diamètre AC, on formera l'angle droit GAC ayant pour mesure la moitié de la circonférence ou 1/2 AB + 1/2 BC (13), mais la partie CAB de cet angle droit a pour mesure 1/2 BC (57). Il ne reste donc pour l'autre GAB que 1/2 AB. Fig. 18.

61. *La perpendiculaire* CD *abaissée d'un point quelconque de la circonférence sur le diamètre* AB, *est moyenne proportionnelle entre les deux parties* AD *et* DB *qu'elle forme sur ce diamètre*, c'est-à-dire, que la ligne CD forme les moyens d'une proportion dont les lignes AD et DB forment les extrêmes, ou que l'on a : AD : DC : : DC : DB. Fig. 19.

Prolongeons cette perpendiculaire jusqu'à la rencontre de la circonférence, nous aurons DE = CD (53), menons AE et CB. Les angles AEC et ABC seront égaux comme angles inscrits appuyés sur le même arc CA; si nous renversons la figure ADE sur CDB en la faisant tourner sur D, et de manière à placer AD sur DC et DE sur DB, ce qui est possible puisque les angles en D sont égaux comme droits, cette figure prendra une nouvelle position aDe dans laquelle l'angle AED deviendra aeD, sans cesser d'être égal à l'angle ABC; donc *ae* sera parallèle à CB et l'on aura (40) aD : DC : : De : DB. Mais aD = AD, De = DE = DC; donc la proportion devient celle-ci: AD : DC : : DC : DB.

62. *La tangente TG est moyenne proportionnelle entre la sécante BG et sa partie extérieure AG*, c'est-à-dire, qu'on a : BG : TG : : TG : AG. Joignons TB et TA; nous aurons Fig. 20.

l'angle TBG égal à l'angle GTA, comme ayant tous deux pour mesure moitié de l'arc TA. Si donc nous renversons la figure TGA, en la faisant tourner sur G, de manière à placer TG sur GB et GA sur GT, dans cette nouvelle position, l'angle GTA placé en Gta, n'en sera pas moins égal à l'angle GBT; donc la ligne *ta* sera parallèle à TB et l'on aura (40) BG : tG : : TG : aG; mais tG = TG et aG = AG; donc BG : TG : : TG : AG.

Ces deux dernières propositions ne sont que des cas particuliers de propositions plus générales que nous ne démontrons pas parce qu'elles n'ont pas d'applications bien directes.

APPLICATIONS.

I.

Assemblages des lignes droites et du cercle.

Les combinaisons de la ligne droite avec le cercle et avec ses parties, sont des sources fécondes de beauté et de variété dans les arts. Les portes, les fenêtres, les arcades de nos bâtimens; les grilles ou treillages qui les entourent; nos vaisseaux, nos voitures, nos meubles; les machines de l'industrie, enfin tous les produits des arts de construction, présentent des formes qui sont autant de composés de la ligne droite et du cercle. Si, par exemple, une arcade BED est de plein cintre, elle offre un cercle tangent aux deux droites AB, CD qui forment ses supports, et, si elle est fermée par des vitreaux, il en résulte différents cercles dont les diamètres et les rayons sont apparens.

La figure indique en outre quelques constructions propres à montrer le parti qu'on peut tirer de l'assemblage de lignes droites avec des arcs de cercle.

II.

Décrire un arc rampant.

Soit AB la ligne de rampe; sur son milieu C élevez la perpendiculaire CD égale à CA et de son extrémité CD abaissez DF perpendiculaire sur AB; menez ensuite par les points A et B des perpendiculaires sur AG et BH; elles couperont DF en deux points E et F. Du premier E, comme centre, décrivez l'arc de cercle AD, et du second F, l'arc de cercle DB; ces deux arcs seront tangens en D, et leur ensemble formera, sur AB, l'arc rampant demandé.

III.

Décrire les courbes appelées Ovales.

Si la ligne AB est la plus grande longueur qu'on veuille donner à l'ovale, divisez-la en trois parties égales; des points C et D, avec AC pour rayon, décrivez deux cercles; menez ensuite ICH et EDF; puis, du centre E, décrivez FG, et, du centre I, décrivez HK; ces deux arcs seront tangens aux deux cercles aux points G, H, K, F et completteront l'ovale.

Si l'ovale doit être plus allongée, divisez son grand axe LM en quatre parties égales, des points O, U, R décrivez, avec le rayon OL, trois cercles égaux; menez, dans le cercle du milieu, le diamètre NQ perpendiculaire sur LM; puis, joignant NOP, QRS, du centre N décrivez PV; du centre Q décrivez ST, et l'ovale se trouvera terminée.

On pourrait encore tracer deux cercles égaux aux deux bouts de la ligne donnée et élever une perpendiculaire *c d* sur le milieu de cette ligne; ensuite, par le centre *a*, mener deux droites égales *d a e*, *d' a e'* qui serviraient à décrire l'arc *e f*, du centre d, et l'arc *e' f'*, du centre *d'*.

Lorsque la moitié d'une ovale seulement se trouve décrite, la courbe se nomme *anse de panier* aussi bien que les suivantes.

IV.

Décrire les courbes dites anses de panier.

Soient données, la longueur A B et la hauteur D a ; avec un rayon moindre que la hauteur, décrivez aux deux bouts du grand axe les deux cercles égaux A C, G B; portez la longueur A C de *a* en *c* et joignez C c; sur le milieu de cette ligne élevez la perpendiculaire E F, le point E où elle coupera le petit axe prolongé sera le centre de l'arc I H tangent aux deux cercles. La courbe qui en résulte est fort usitée dans les constructions.

Les ovales et les anses de panier que nous avons décrites n'ont, comme on le voit, que trois centres; il est cependant possible de leur en donner un plus grand nombre, elles sont même alors plus uniformes et plus agréables à l'œil.

Supposons qu'on ait à former un eintre surbaissé sur les perpendiculaires A B et C D dont la longueur est donnée. Du point C, avec C A, décrivez le quart de cercle A F, et, avec C D, décrivez D E; partagez ces deux arcs en un même nombre de parties égales, trois par exemple; par les points de division G, H, menez des parallèles à A C, et par les pointes I, K des parallèles à C F: ces parallèles se rencontreront deux à deux en L et M, points qui appartiendront à la courbe demandée. Il ne s'agira donc plus que de joindre A et L, L et M, M et D, par des arcs de cercle tangens dont il faut trouver les centres. Menant donc A L on élevera, sur son milieu, une perpendiculaire qui déterminera le centre P du premier arc; on menera L N et L M, puis, sur le milieu de L M, une perpendiculaire qui donnera le centre N du second arc, et ainsi de suite.

On trouvera dans le cas présent cinq centres P, N, O, N', P', et, en général, chaque division nouvelle qu'on ajouterait sur les quarts de cercle, introduirait deux centres de plus dans la figure. Il est d'ailleurs visible que, si l'on construisait aussi l'anse de panier de l'autre coté de A B, on obtiendrait une ovale qui aurait huit centres.

V.

Tracer les profils d'architecture.

Les profils des deux moulures qu'on appelle *Baguette* et *tore*, présentent deux parallèles dont les extrémités sont réunies par une demi-circonférence. Le tracé de ces deux profils revient à décrire un cercle tangent à deux droites parallèles. On prendra donc le milieu A de la distance des deux parallèles, et, avec le rayon A B, on décrira le demi-cercle B C D qui terminera le profil.

Les *quarts-de-rond* et les *cavets* se composent de deux parallèles jointes à leurs extrémités par un quart de cercle convexe, dans le quart-de-rond, et concave dans le cavet. Pour tracer le profil GHF, il suffira donc de faire passer, par un point donné F un cercle qui touche une droite en un point donné H; menant donc la perpendiculaire CH, elle donnera le centre et le rayon du cercle demandé. Pour tracer le cavet MK, il faudrait mener la perpendiculaire KO sur le prolongement de NM.

Le *talon* et la *doucine* offrent, dans leur profil, deux arcs de cercle assujettis à passer, l'un par un point donné Q, l'autre par un point donné S, et à se toucher en Z sur le milieu de QS; on fera donc, au moyen du compas, ST et ZT égales à SZ; ZU et QU égales à QZ, et les points U et T seront les centres des arcs destinés à profiler la moulure.

On remarquera que, dans le talon, les centres tombent en dehors des parallèles; qu'ils tombent au contraire en dedans dans la doucine; et que l'arc qui est concave dans la doucine est convexe dans le talon, et réciproquement.

VI.

Conditions géométriques de la beauté des profils.

Les modèles des objets que l'on exécute dans les arts, n'ont généralement de grâce que lorsque les lignes de leur profil sont assujetties à trois conditions principales : la simplicité des positions, la simplicité des formes, et la simplicité des proportions.

1. Les positions les plus simples des lignes, sont évidemment celles des verticales et des horizontales. Leur assemblage donne des perpendiculaires et des parallèles. Toute ligne inclinée dont l'emploi ne serait pas justifié par le besoin, doit être bannie du tracé d'un profil.

2. Les formes les plus simples des lignes sont celles de la droite et du cercle. Toutes les courbes de fantaisie, autres que celles qui résulteraient des parties du cercle, sont donc déplacées dans un profil.

3. Les proportions des parties et de l'ensemble devant être simples, il faudra qu'une grandeur soit égale à l'autre, ou qu'elle en soit la moitié, le tiers, le quart. De même que ces rapports sont à-peu-près les seuls que l'esprit conçoive aisément, ils sont aussi les seuls que l'œil puisse saisir sans confusion, et les plus capables de lui présenter un résultat agréable.

La figure représente trois modèles qui satisfont à la fois à ces différentes conditions; mais on jugera aisément que les profils AB, CD et EF qui s'en écartent, n'offrent que des compositions de mauvais goût.

VII.

Trouver la plus courte distance d'un cercle à une droite.

Du centre C du cercle abaissez CD perpendiculaire sur la droite donnée AB. La partie TD comprise entre le cercle et la droite, sera la plus courte distance de la droite AB au cercle donné.

La plus courte distance d'un cercle à un autre, serait la partie de la droite des centres comprise entre les deux cercles.

VIII.

Mener la plus grande et la plus petite corde qui puissent passer, par un point donné, dans un cercle.

Soit E le point donné; menez par ce point le diamètre GH, et vous aurez d'abord la plus grande corde. Élevant ensuite, au point E, une perpendiculaire sur GH, sa partie IK sera la plus petite corde que l'on puisse mener par ce point : car toute autre corde, telle que MN, serait plus près du centre, puisque la perpendiculaire OL est plus courte que l'oblique EO.

IX.

Mener une parallèle à une droite au moyen d'arcs égaux.

D'un point quelconque C de la droite donnée, tracez les arcs AG et BH dont l'un passe au point E par lequel la parallèle doit être menée; portez la distance AE de B en D, et la ligne qui joindra ED sera la parallèle demandée.

X.

Faire un angle égal à un autre au moyen d'arcs égaux.

Soit IKL l'angle donné; de son sommet comme centre, décrivez, entre ses côtés, un arc quelconque PQ; décrivez ensuite, sur une ligne indéfinie MN et avec le même rayon, un arc indéfini RS sur lequel vous porterez avec le compas la distance PQ, de R en T; menez TM; cette ligne formera avec MN un angle égal au premier.

XI.

Diviser un arc ou un angle en deux parties égales.

Du sommet de cet angle décrivez un arc de cercle entre ses côtés, et menez la corde DE de cet arc. Sur le milieu de DE élevez la perpendiculaire AF, elle divisera l'angle et l'arc en deux parties égales. Il est clair qu'en opérant ainsi sur les moitiés GE et GD, on obtiendrait quatre parties égales, et qu'en continuant de diviser chaque partie en deux, la subdivision de l'angle et de l'arc aurait lieu suivant les nombres 2, 4, 8, 16, 32, etc.....

XII.

Le centre d'un cercle n'étant pas marqué, retrouver ce centre.

Choisissant d'abord, à volonté, sur la circonférence, deux points A et B, on tracera la corde AB sur le milieu de laquelle on élèvera la perpendiculaire CD; la partie EF de cette perpendiculaire formera un diamètre du cercle. Menant ensuite sur le milieu de ce diamètre une perpendiculaire GH, elle donnera le point I pour centre du cercle.

On emploierait le même procédé pour faire passer un cercle par deux points donnés.

XIII.

Faire passer un cercle, par trois points donnés, non en ligne droite.

Joignez les trois points donnés par des droites KL, LM; sur le milieu de chacune élevez les perpendiculaires PN et QR; leur rencontre O sera le centre du cercle demandé, et OK en sera le rayon.

XIV.

Un arc étant donné, lui mener un arc parallèle.

Il suffira de chercher, par la méthode précédente, le centre de l'arc donné, et tout arc décrit, de ce centre C, du côté du premier et avec un rayon plus grand ou plus petit que CA, sera parallèle à l'arc donné.

Deux cercles décrits du même centre avec des rayons différens, sont dits *concentriques*; leurs circonférences sont équidistantes, car on a partout GH=IK=LM, etc....

XV.

Parallélisme des courbes sinueuses.

Soit une courbe sinueuse ABCD...., que nous supposons décomposable en trois arcs de cercle AB, BC, CD; menons, par la méthode précédente, les arcs *ab*, *bc*, *cd* concentriques aux premiers; nous aurons alors deux courbes sinueuses ABCD et *abcd* équidistantes: car il est évident qu'on aura dans toute leur longueur Aa=Bb=Cc=Dd... Si donc, ouvrant un compas de la quantité Aa, on faisait suivre à la pointe A la courbe ABCD, l'autre pointe *a* décrirait la courbe équidistante *abcd*, pourvu toutefois que les deux pointes fussent constamment placées, pour AB, dans la direction du centre E, pour BC, dans celle du centre F, et enfin pour CD, dans celle du centre G.

C'est sur cette propriété qu'est fondée la pratique qu'emploient les menuisiers, lorsqu'ils ont à placer contre un mur une planche qui doit en suivre toutes les sinuosités sans laisser de vuide. Ils appliquent la planche le long du mur, dans le lieu et dans la sens où elle doit être placée; puis ouvrant un compas, d'une certaine quantité IH, ils suivent avec la pointe H la courbure du mur, tandis que l'autre pointe I décrit une courbe IL pareille à la courbe du mur; ils refendent ensuite la planche suivant IL, et elle s'adapte alors au mur aussi parfaitement que possible.

S'il s'agissait de tracer sur le papier deux courbes sinueuses équidistantes, on opérerait plus sûrement en employant un procédé analogue à celui de la IXe application des parallèles, et que la fig. MNOP indique d'ailleurs suffisamment.

XVI.

Décrire un cercle lorsqu'on ne peut approcher du centre.

Cette opération se fera sur un plan, en choisissant d'abord trois points A, B, C, par lesquels doive passer le cercle demandé. On plantera en B et C deux pointes aiguës, et on leur appliquera en dehors deux règles qui se croisent fixement en A. On fera ensuite tourner cette double règle de manière à ce que ses deux branches touchent constamment les deux points B et C, et, dans ce mouvement, le point A décrira le cercle.

Si l'on avait à faire cette opération sur le terrain, on aurait recours au graphomètre. Si, par exemple, il s'agissait de tracer un cercle autour d'une habitation ou d'un village, après avoir choisi deux points remarquables B et C, on placerait l'instrument en un troisième point A, et l'on mesurerait l'angle BAC; déplaçant ensuite le graphomètre, on chercherait, dans son voisinage, un autre point d'où l'angle formé avec B et C soit encore le même : après quelques essais, on trouverait le point G et successivement les points H, IK, etc....; passant ensuite de l'autre côté de BC, on chercherait de même les sommets des angles L, M..., en observant que ceux-ci fussent égaux, non pas aux premiers, mais à leur supplément, c'est-à-dire, à leur différence avec 180 degrés. Les points C, K, I, A, G, H, B, M, L....appartiendraient à la circonférence cherchée.

XVII.

Mener des tangentes au cercle.

Supposons qu'on veuille faire passer une tangente par un point B donné sur une circonférence. On mènera le rayon AB, et élevant une perpendiculaire à son extrémité, on aura la tangente demandée.

S'il fallait mener, au cercle EF, une tangente parallèle à la ligne donnée IK, on mènerait à cette ligne IK, par le centre du cercle, la perpendiculaire EH, et, par le point H la parallèle GH; cette dernière serait en même temps tangente au cercle.

Si l'on voulait mener, d'un point extérieur M, une tangente à un cercle donné, il faudrait joindre ce point avec le centre du cercle et décrire sur MO comme diamètre, un cercle qui couperait nécessairement le premier en deux points tels que T et T'; menant ensuite les lignes MT et MT', elles satisferaient l'une et l'autre à la question. On peut s'en assurer en traçant les cordes TO et T'O.

XVIII.

QUESTION. *Tracer l'enceinte d'une salle de spectacle de manière que les spectateurs placés dans le pourtour, voient tous la scène sous le même angle.*

Soit AB le devant de la scène, et 53 degrés la valeur de l'angle que nous supposons le plus convenable à la vue et sous lequel on veut que la scène soit aperçue. Faites, sur la ligne AB, au point A, un angle CAB de 53 dégrés; élevez sur le milieu de AB la perpendiculaire KL, et sur le point A de AC, une perpendiculaire AM qui rencontrera la première en O; de ce point décrivez, en prenant OA pour rayon, l'arc du cercle AFB : cet arc sera tel que, de tous les points, les spectateurs verront AB sous un angle de 53 dégrés.

XIX.

Question. *Un navire, à quelque distance d'une côte, a en vue trois points déjà determinés sur la carte du pays : le capitaine voudrait marquer sur cette carte le point de la mer où il se trouve, afin d'y établir une sonde qu'il vient de mesurer.*

Il faudra d'abord observer l'angle ADB formé par les deux objets A, B et le navire; ensuite, l'angle BDC formé avec les deux objets B, C. Supposons que le premier angle soit de 48 dégrés, et le second de 60. On tracera sur la carte, les deux droites *ab*, *bc*, puis, au moyen de la méthode précédente, on décrira sur *ab* un arc de cercle capable de l'angle de 48 dégrés, et sur *bc* un arc capable de 60 dégrés : les deux arcs se rencontreront en un point *d* qui représentera la position du navire; ce sera donc en ce point qu'il faudra marquer la profondeur de la sonde.

Il pourrait se faire que les quatre points A, B, C, D fussent disposés de manière qu'ils appartinssent à un même cercle : dans ce cas, la construction ne donnerait qu'un seul centre pour les deux arcs, et serait insuffisante pour résoudre le problême.

XX.

Trouver une moyenne proportionnelle entre deux droites données.

Sur une droite indéfinie FK, portez, à la suite l'une de l'autre, les longueurs des lignes données A et B. Sur la somme EF de ces deux lignes, décrivez une demi-circonférence FHE; puis, au point G où se touchent les deux longueurs, élevez sur EF la perpendiculaire GH; cette ligne sera moyenne proportionnelle entre FG et GE, et par conséquent, entre les deux droites données A et B.

XXI.

Calculer à quelle distance peut s'étendre la vue en mer.

Supposons le cas le plus avantageux, celui où l'observateur serait placé sur la mâture d'un vaisseau français de 120 canons, dont la hauteur au-dessus de l'eau est d'environ 60 mètres, et admettons que le diamètre de la terre soit exactement de 12,732,396 mètres. La figure, toute exagérée qu'elle est, indiquera que le rayon visuel CD est une tangente moyenne proportionnelle entre CB et CA : on aura donc :

$$12\,732\,396^{m} + 60^{m} : CD :: CD : 60^{m}$$

d'où, $12\,732\,456^{m} \times 60 = CD \times CD$, ou $\overline{CD}^{2}$,

et $\sqrt[2]{763\,947\,360} = CD.$

extrayant donc la racine quarrée du nombre 763,947,360, on trouvera, pour la longueur de CD, 27639 mètres. Ainsi, dans le cas dont il s'agit, la vue peut s'étendre en mer à 27639 mètres, distance égale à sept lieues de poste environ.

www.ingramcontent.com/pod-product-compliance
Ingram Content Group UK Ltd.
Pitfield, Milton Keynes, MK11 3LW, UK
UKHW022139190726
13855UKWH00003B/1239

9 782013 364843